TOLLE ERFINDUNGEN DES 19. JAHRHUNDERTS

Leonard de Vries

TOLLE ERFINDUNGEN DES 19. JAHRHUNDERTS

Übersetzt und
präsentiert von Manfred Schmidt

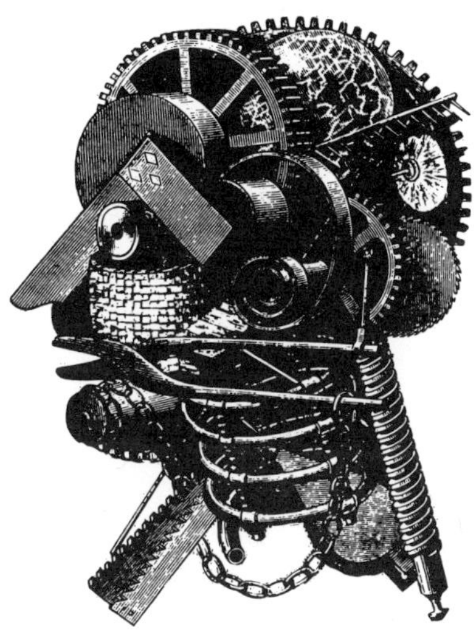

Stalling

Die niederländische Originalausgabe erschien unter dem Titel
»Knotsgekke uitfindingen van de 19de eeuw«.
Ins Deutsche übertragen von Manfred Schmidt
Umschlaggestaltung: Mirja de Vries
Gesamtherstellung Gerhard Stalling AG, Oldenburg
ISBN 3-7979-1942-5

ZWEI WORTE VORAB

Die Romantiker des Fortschritts

Vor einigen Jahren geriet der Holländer Leonhard de Vries durch Zufall an die gut erhaltenen Jahrgänge 1865 bis 1899 einiger ganz spezieller Zeitschriften. Es waren französische, holländische und amerikanische Periodika, die ihre Leser damals allmonatlich über die neuesten Erfindungen und Fortschritte der Technik in aller Welt informierten. Herr de Vries blätterte darin herum und fand so viele interessante und skurrile Beiträge, daß er sich entschloß, daraus dieses Buch zusammenzustellen. Er entriß damit viele Pioniere des Fortschritts der unverdienten Vergessenheit und errichtete so manchem unbekannten Erfinder ein bescheidenes papierenes Denkmal.

Leonard de Vries verzichtete weise auf jeden Kommentar zu den oft sehr betulichen, mal skeptischen und mal optimistischen Originaltexten. Dafür wollen wir ihm dankbar sein. Es bleibt dem Leser überlassen, ob er die hier gezeigten Erfindungen als längst überholt hochmütig belächeln oder als Zeugnisse unermüdlichen Forschergeistes gerührt bewundern will. Wir sollten dabei nicht vergessen, daß fast alle modernen Geräte, auf die wir heute so stolz sind, im Grunde nichts weiter darstellen als Weiterentwicklungen von Erfindungen, die bereits in der zweiten Hälfte des vorigen Jahrhunderts gemacht wurden.

Und warum eigentlich erst damals? Die Grundlagen der meisten Erfindungen, nämlich die mathematischen Formeln und die wichtigsten Naturgesetze, waren den alten Griechen schon vor zweitausend Jahren bekannt. Archimedes und Euklid waren zwar stark in der Theorie, sie verstanden es aber nicht, ihr Wissen in praktische Maschinen umzusetzen. Entweder waren sie zu faul oder zu weise. Darüber sollten wir froh sein, denn wie sähe die Welt heute wohl aus, wenn schon damals alle Erfindungen des 20. Jahrhunderts gemacht worden wären? Man wagt nicht, sich das auszudenken.

Es bleibt ein ewiges Rätsel, wieso die Menschheit nach jahrtausendelanger relativer Ruhe plötzlich um die vorige Jahrhundertwende geradezu von einer Erfindungs-Diarrhöe befallen wurde. Die Männer, die damals ihre ganze Zeit und oft ihr letztes Geld in Projekte steckten, die lächerliche Utopien zu sein schienen, hatten nur eins im Sinn: Sie wollten ihren Mitmenschen das Leben schöner, leichter und bequemer machen. Sie glaubten fest daran, daß der technische Fortschritt die Erdbewohner glücklicher und zufriedener machen kann. Wieweit das auf dem jetzigen Höhepunkt der technischen Entwicklung zutrifft, mag jeder Leser für sich selbst entscheiden.

Im ersten Teil des Buches finden wir viele Erfindungen, die einem Urtrieb des Menschen Befriedigung verschaffen sollen: dem Wunsch, von zu Hause wegzukommen, irgendwohin, und zwar so schnell und so weit weg, wie nur möglich, zu Lande, zu Wasser und in der Luft. Vor allem die Luft hatte es vielen Erfindern angetan, wenn auch die meisten von ihnen (zu ihrem Heil) nicht über das Reißbrettstadium hinauskamen. Aber gerade diese nie gebauten Flugapparate sind besonders hübsch und voll verträumter Romantik, weil sie sich genialisch über die Naturgesetze hinwegsetzen.

Der Wunsch, den Mitmenschen möglichst viele körperliche Bewegungen zu ersparen, ließ die Erfinder über immer neue Maschinen nachgrübeln. Mit so großem Erfolg, daß heute unsere Wissenschaftler darüber nachgrübeln, wie sie den Menschen körperliche Bewegung verschaffen können.

Die in kühnem Gedankenflug erdachten mechanischen Fortbewegungsmittel sollten dem Menschen vor allem helfen, Zeit zu gewinnen. Das ist in hervorragender Weise gelungen, aber daraus ergab sich ein neues Problem: Was tun mit der gewonnenen Zeit? Auch dafür fanden die nimmermüden Erfinder viele überraschende Lösungen, die in der zweiten Hälfte des Buches zu sehen sind: die Urformen des Telephons, des Grammophons, des Kinematographen und sogar des Fernsehens, das sich inzwischen als größter Zeittotschläger aller Zeiten bewährt hat.

Wir wollen mit diesem Buch den Erfindern danken, denen wir alles verdanken. (Das sollte man aber nicht falsch auslegen.)

Wenn die im vorigen Jahrhundert so emsig tätig gewesenen Erfinder wüßten, was aus ihren Schöpfungen geworden ist, würden sie daraus auf eine kaum noch zu steigernde Lebensqualität schließen. Aber da fehlt noch einiges. Zum Beispiel ein wirklich funktionierender Öffner für jene Konservengläser, die ein Blechdeckel mit geriffeltem Rand hermetisch verschließt. Mindestens jeder zweite verbundene Finger, dem wir begegnen, ist eine Folge des Versuches, den Deckel weisungsgemäß mit einer Messerspitze hochzubiegen. Einen guten Öffner für diese Deckel würde ich als eine der tollsten Erfindungen unseres Jahrhunderts preisen.

Manfred Schmidt

Vorwort des Herausgebers

In einer Rundfunksendung hörte ich kürzlich den Satz: »Am Ende des vorigen Jahrhunderts, als die Züge noch so langsam fuhren und es nur ganz wenige oder gar keine Telefone gab...« Eine solche Behauptung ist im Hinblick auf unsere Urgroßeltern mehr als unfreundlich, denn seit 1847 erreichte der Zug zwischen London und Birmingham eine Durchschnittsgeschwindigkeit von neunzig und eine Spitzengeschwindigkeit von 120/std., und schon 1880 hatten fünfzigtausend Amerikaner Telefon. Zu Beginn des zwanzigsten Jahrhunderts zählte man bereits drei Millionen Fernsprechteilnehmer.

Die oben angeführte Behauptung und andere derselben Art, wie man sie immer wieder in Rundfunk und Fernsehen hört oder in der Presse liest, zeigen die allgemeine Unterschätzung des 19. Jahrhunderts, vor allem seiner zweiten Hälfte. Fast alle Erfindungen, deren Vorteile wir täglich genießen, stammen aus dieser Epoche. Um nur einige wenige zu nennen: Die Schreibmaschine (1867), das Telefon (1876), das Grammophon (1877), die Glühbirne (1879) und, noch vor Ende des Jahrhunderts, das Auto, die elektrische Straßen- und Eisenbahn, die Röntgenstrahlen, das Kino und die drahtlose Telegrafie. Die meisten der heutigen elektrischen Geräte wie Kochplatten, elektrische Kochtöpfe und heizbare Decken wurden bereits 1883 auf einer Wiener Ausstellung gezeigt, und damals gab es auch schon einen elektrischen Staubsauger, eine Waschmaschine mit Trockenschleuder und eine elektrische Geschirrspülmaschine.

Die Eisenbahnen der Welt hatten damals eine Gesamtlänge von rund 160000 Kilometern, also den vierfachen Erdumfang. Außerordentlich bequeme Pullman-Wagen ermöglichten schnelle, angenehme und preiswerte Reisen. Passagierschiffe wie die luxuriöse »Great Eastern«, die viertausend Passagiere aufnehmen konnte, durchfurchten die sieben Meere des Erdballs. Zur gleichen Zeit war allerdings der Straßenverkehr in mancher Hinsicht noch genau so primitiv wie vor zwei Jahrtausenden und völlig abhängig vom Pferd. Man sah wohl seit 1830 hin und wieder einen dampfgetriebenen Omnibus, aber diese schweren und sperrigen Vehikel ruinierten die Straßen derartig, daß sie sich nicht durchsetzen konnten.

Obgleich der Wiener Siegfried Marcus schon 1864 einen Wagen mit Verbrennungsmotor konstruiert hatte und Benz und Daimler seit 1880 ihren Motorwagen immer weiter verbesserten, eroberte sich das Automobil doch erst in den neunziger Jahren seinen Platz auf den Straßen. In England wurde die Entwicklung durch ein lächerliches Gesetz aufgehalten, die »Rote-Flaggen-Vorschrift«. Dieses Gesetz verlangte, daß vor jedem Automobil ein Mann herging, der eine rote Flagge schwenkte.

Als 1865 die Lokomotive bereits einen hohen Perfektionsgrad erreicht hatte, steckte das Fahrrad noch in den Kinderschuhen. Erst nachdem Starley in Coventry 1885 sein »Rover Sicherheitsfahrrad« mit zwei gleich großen Rädern und Kettenantrieb herausgebracht hatte, das Dunlop einige Jahre später mit Gummireifen versah, wurde das Fahrrad zum Fortbewegungsmittel vieler Millionen Menschen.

Kurz vor 1850 konstruierte Stringfellow einen Flugzeug-Prototyp mit drei Metern Spannweite. Eine sehr leichte Dampfmaschine lieferte den nötigen Schub, und die Maschine konnte über eine Distanz von gut 15 Metern fliegen. Aber in den folgenden Jahren konnte die Flugmaschine »schwerer als Luft« trotz aller Forschungen, trotz allem Einfallsreichtum, aller Ausdauer und vielem hineingesteckten Geld nicht realisiert werden. Erst viele Jahre später entdeckte man, daß die Luftfahrt des 19. Jahrhunderts von einer sehr interessanten Konstruktions-Entwicklung hätte profitieren können: Ein junger Franzose namens Pénaud hatte schon 1876 einen Eindecker entworfen, dessen Konstruktion auf vernünftigen aerodynamischen Prinzipien basierte: Versenkbares Bugrad, schwenkbare Luftschrauben, tropfenförmiger Rumpf und ein durchsichtiges Cockpit mit Steuerknüppel, künstlichem Horizont und sogar mit automatischer Lenkung. Dieser Entwurf war seiner Zeit um mindestens ein halbes Jahrhundert voraus, aber leider beging der Schöpfer schon in sehr jungen Jahren Selbstmord.

Auch die besten Ingenieure und Erfinder scheiterten bei ihren Versuchen, eine Flugmaschine zu konstruieren. Erst die Erfindung des Benzinmotors gab den Versuchen neuen Schwung. Der Erfolg, der dann kam, war das Werk zweier bescheidener amerikanischer Fahrradhersteller, der Gebrüder Wright. Ihr Doppeldecker mit Benzinmotor erblickte das Licht der Welt im Jahre 1903. Aber schon 1891 hatte Otto Lilienthal den motorlosen Segelflug erfunden.

Um 1865 setzten die Zukunftsgläubigen große Hoffnungen auf die Elektrizität, die »Wunder-Energie«. Schon um 1825 kamen Kohle-Bogenlampen auf und Elektromagneten. In den dreißiger Jahren die ersten primitiven Dynamos und Elektromotoren sowie der elektromagnetische Telegraf. 1865 verfügte man schon über bessere Generatoren, Elektromotoren und Transformatoren, aber erst 1880 wurden diese Maschinen im großen Stil benutzt. Den Anstoß dazu gab 1879 Edison mit seiner Glühlampe. Um 1890 ersetzten elektrische Straßenbahnen mit Oberleitung schrittweise die um die Jahrhundertmitte eingeführten Pferdebahnen.

Schon 1821 hatte Wheatstone versucht, die menschliche Stimme auf elektrischem Wege »telefonisch« zu übertragen. Nach nicht ganz geglückten Experimenten von Pionieren wie Reis (1863) konstruierte Graham Bell 1876 das erste wirklich funktionierende Telefon. 1879 hatte London als erste europäische Stadt ein Fernsprechamt. Marconi entwickelte 1896 die drahtlose Telegrafie, indem er die Erfahrungen von Hertz (elektromagnetische Wellen) und die von Popow zur rechtzeitigen Entdekkung von Gewittern benutzte Antenne kombinierte. Die Radiowellen Marconis, die Röntgenstrahlen, die Entdeckung des Radiums und der Radioaktivität – alle diese Erfindungen zusammen krönten das 19. Jahrhundert und gaben eine Vorahnung von dem, was das 20. Jahrhundert bringen sollte.

Das vorliegende Werk ist zusammengestellt aus Artikeln, die zwischen 1865 und 1900 in den Zeitschriften »SCIENTIFIC AMERICAN« (USA), »LA NATURE« (Frankreich) und »DE NATUUR« (Holland) erschienen sind. Diese drei Publikationen besprachen die wissenschaftlichen Fortschritte in aller Welt.

Dieses Buch soll rein dokumentarisch sein.

Ich danke dem 19. Jahrhundert für die Schreibmaschine, auf der ich diese Zeilen schrieb, für die Glühbirne, die mir bei der Arbeit leuchtete, für die Schallplatte, die dazu Musik machte, und für das Telefon, mit dessen Hilfe ich nun dem Verleger mitteile, daß mein Manuskript fertig ist.

Leonard de Vries

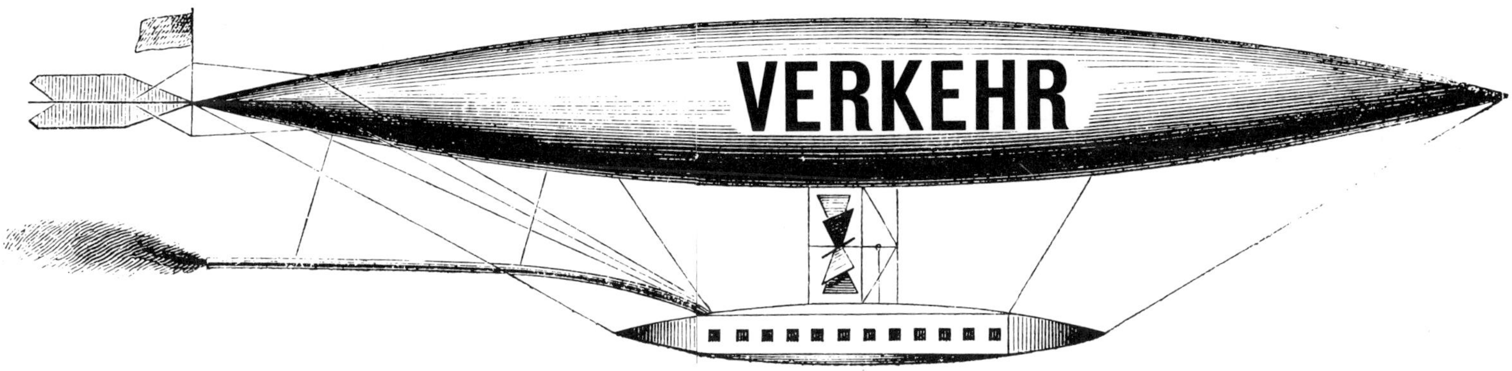

Spaziergang auf Rädern

Merkur, der Götterbote der antiken Mythologie, hatte Flügel an den Füßen. In einigen tausend Jahren wird vielleicht ein Archäologe, der in den Ruinen amerikanischer Städte nach Spuren der Vergangenheit sucht, die seltsame Entdeckung machen: Die Yankees befestigten Räder an ihren Füßen und kamen damit wahrscheinlich schneller vorwärts als der griechische Merkur.

Was bringt uns auf diese Theorie? Nun, vor einigen Tagen kam ein gesetzter Herr mit einem gutaussehenden jungen Mann in unsere Redaktion. Die beiden trugen ein seltsam geformtes Paket, aus dem sie zwei Räder von etwa vierzig Zentimetern Durchmesser zum Vorschein brachten. Jedes Rad war an der Achse mit einem stabilen Fortsatz in Form von Steigbügeln versehen, deren Unterseite die Form einer Schuhsohle hatte.

Der junge Mann, der uns als Sohn des Erfinders vorgestellt wurde, befestigte die Räder an seinen Füßen und begann, mit einzigartiger Anmut und Leichtigkeit zwischen Stühlen und Tischen herumzukurven. Durch Wegschieben der Möbel verschafften wir ihm mehr Platz, und nun drehte er Kreise, Achten usw., somit beweisend, daß der »Pedespeed« auf normalem Boden alle Vorzüge eines Schlittschuhs hatte.

Die nebenstehende Zeichnung gibt ein besonders schönes Beispiel der Anwendung dieser Erfindung. Es versteht sich von selbst, daß nicht jeder Schlittschuhläufer den »Pedespeed« sofort beherrscht. Es erfordert einige Übung. Aber wenn man erst einmal eine gewisse Technik erworben hat, möchte man die »Fuß-Räder« wahrscheinlich nicht mehr missen. Hätte man den »Pedespeed« im vorigen Winter auf unseren Eislaufbahnen vorgeführt, als die Aktionäre dieser Etablissements den Himmel um etwas Frost anflehten, wären die Aktien der Arenen sofort wieder gestiegen.

Der »Pedespeed« ist stabil und leicht. Er kann auf Oberflächen benutzt werden, die für normale Rollschuhe völlig ungeeignet wären.

Der Erfinder, ein starker und ziemlich korpulenter Herr, bedient sich dieser Räder nach eigenen Angaben täglich zwei Stunden lang ohne Ermüdungserscheinungen.

In Gegenden, in denen es niemals Eis gibt, erlaubt »Pedespeed« einen angenehmen und gesunden Zeitvertreib zu jeder Jahreszeit.

Für Damen kann man, wie auf dem Bilde deutlich zu sehen, am Oberteil der Räder Schutzbleche anbringen, um die Rocksäume zu schützen.

Das verbesserte Zweirad von White

Zweirad für zwei Personen

»Hobby Horse« und »Gesäß-Schüttler«

Der Wunsch, sich schnell und mühelos von einem Ort zum anderen zu bewegen, ist dem Menschen angeboren. Seit vielen tausend Jahren ist der Mensch nicht mehr zufrieden mit den beschränkten Möglichkeiten seiner eigenen Fortbewegungsorgane. Deshalb hat er in neuerer Zeit zahlreiche Versuche unternommen, etwas zu erfinden, womit er schneller und bequemer größere Entfernungen zurücklegen könnte als zu Fuß. So tauchte schon 1817 ein nach seinem Erfinder Drais »Draisine« genanntes Fahrzeug auf, das aus zwei durch einen Holzrahmen verbundenen Holzrädern bestand. Man konnte damit ziemlich schnell vorwärts kommen, indem man sich mit den Beinen kräftig abstieß.

Aber das erste wirkliche »Fahrrad« baute der Schotte Kirkpatrick Macmillan im Jahre 1839. Es war die erste Konstruktion, bei der die Füße nicht mehr den Boden berührten. Macmillans »Hobby-Horse«, wie es die Engländer nannten, hatte vorne eine Handkurbel, die über ein Gestänge das Hinterrad in Bewegung setzte.

1850 hatte ein Fabrikant namens Fischer die Idee, am Vorderrad Pedale anzubringen. Und 1867 gelang es dem Franzosen Michaux, ein leichteres und schnelleres Zweirad zu konstruieren, das heute jeder unter dem Namen »Veloziped« oder auch als »Gesäß-Schüttler« kennt.

In einer renommierten Zeitschrift konnte man kürzlich folgendes lesen:

»Die Modelle mit zwei Rädern oder sogar nur einem Rad sollten unbedingt abgeschafft

Wasser-Veloziped

Samuels Veloziped mit Handantrieb

Der »Gesellige« (»Sociable«) für drei Personen

werden. Der andauernde Zwang zum Gleichgewichthalten mag für Experten turnerischer Künste ein Quell der Freude sein. Jedoch kann das Fahrrad nur dann eine wichtige Hilfe im täglichen Leben werden, wenn man Modelle mit drei oder vier Rädern konstruiert. Im Allgemeinen haben die Menschen keine große Lust, sich mit der Kraft ihrer Beine fortzubewegen. Es ist wohlbekannt, daß beim sitzenden Radfahrer die heftigen Bewegungen der unteren Extremitäten sehr häufig Unterleibsleiden nach sich ziehen. Und Damen können sich ihrer Beine nicht zum Radfahren bedienen, ohne die Gesetze des Anstandes zu verletzen.«

Wir teilen diesen Standpunkt keineswegs und sind der Meinung, daß die mit den Füßen betriebenen Zweiräder die weitaus größten Erfolgschancen haben, während die Benutzung des Dreirades auf den Transport von zwei bis drei Personen oder auf Leute mit schlecht entwickeltem Gleichgewichtssinn beschränkt bleiben dürfte.

In Großbritannien werden zur Zeit Pläne geprüft, die eine Ausrüstung aller Briefträger des Landes mit Zweirädern vorsehen.

Wir sind der festen Überzeugung, daß die Fahrräder bald die Pferde derjenigen sein

Dreirad für zwei Personen

Das Einrad von Gauthier

Veloziped-Boot im Stadtpark von Boston

Links: Querschnitt des Veloziped-Bootes

werden, die sich kein Pferd leisten können. Das Fahrrad hat alle Vorteile des Pferdes ohne einen einzigen seiner Nachteile. Sein Unterhalt und seine Nahrung kosten nichts. Man kann es mit wenig Kraft in Bewegung setzen. Außerdem sorgt es für eine gesunde und angenehme Leibesübung.

Das neueste Einrad

Das Rikscha-Dreirad

Ein neues amerikanisches Veloziped

Das Kugel-Veloziped

Man stelle sich eine Hohlkugel von anderthalb bis zwei Meter Durchmesser vor, aus irgendeinem durchsichtigen, nicht leicht zerbrechlichen Material. Die Kugel ist mit einer runden Öffnung versehen, groß genug, um eine Person hinein- und heraussteigen zu lassen. Diese Öffnung kann mittels einer konvexen Tür verschlossen werden. In der Mitte der Kugel befindet sich eine eiserne Achse, die an ihren Enden durch Kugelgelenke mit der Kugelinnenwand verbunden ist. Durch die kurbelähnliche Biegung der Achse liegt der Schwerpunkt tiefer als der geometrische Mittelpunkt der Kugel. Der Sitz wird also stets horizontal bleiben, ganz gleich, in welcher Stellung sich die Kugel befindet.

Der Kugelradfahrer, der eine kleine Spazierfahrt machen möchte, muß einen Außenstehenden bitten, die Kugel während des Einsteigens festzuhalten. Dann greift er die Metallachse mit beiden Händen, streckt die Beine vor und wandert sozusagen auf der Innenwand der Kugel. Dadurch dreht sich die Kugel, etwa so, wie man es bei einem Tretrad im Eichhörnchenkäfig beobachten kann. Es besteht nicht die geringste Gefahr, daß der Einsitzende seine vertikale Haltung verliert. Möchte er nach links oder rechts abbiegen, braucht er nur den Körper leicht in die gewünschte Richtung zu neigen – die Kugel wird sofort gehorchen. Möchte er rückwärts fahren, macht er die Gehbewegungen in umgekehrter Richtung.

Aber das ist noch nicht alles: Wenn der Kugelradfahrer einen Wasserlauf überqueren möchte, rollt er die Uferböschung mit genügend Schwung hinunter und gelangt, vorausgesetzt, der Fluß ist nicht zu breit, leicht ans andere Ufer. Die Kugel schwimmt nämlich auf dem Wasser und dreht sich weiter um sich selbst.

Ein Einwand könnte allerdings erhoben werden: Da die Kugel hermetisch verschlossen ist, gibt es keine Luftzufuhr. Das ist aber kein großer Nachteil, denn die Kugel enthält mehr als vier Kubikmeter Luft. Der Kugelradfahrer hat also genügend Sauerstoff für eine zweistündige Spazierfahrt zur Verfügung. Im übrigen hindert ihn nichts daran, stündlich anzuhalten und seinen Kopf aus der Öffnung herauszustrecken, um seine Lungen mit Frischluft zu füllen. Überdies könnte man kleine Luftlöcher in die Kugel bohren, wodurch allerdings Ausflüge über Wasserwege hinweg nicht mehr möglich wären.

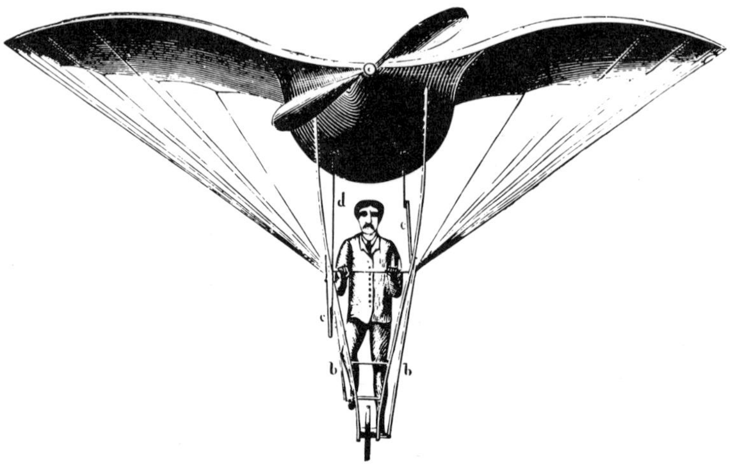

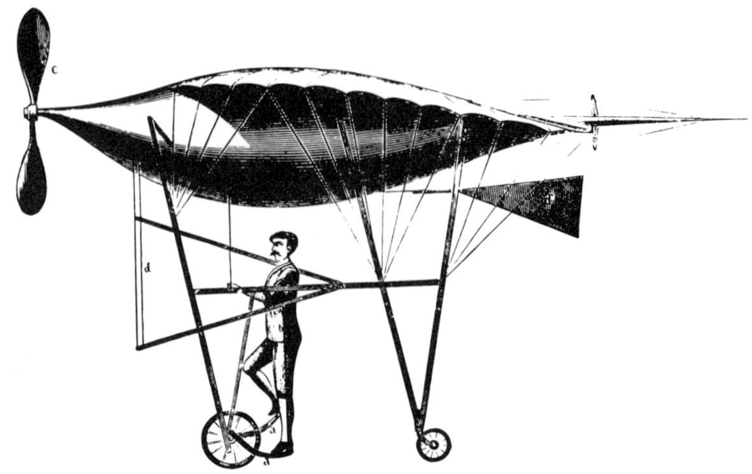

Die Veloziped-Flugmaschine des Herrn Goupil

Den von Herrn A. Goupil erdachten Aeroplan könnte man ohne Übertreibung als Luft-Veloziped bezeichnen. Die Konstruktion des Apparates ist außerordentlich leicht. Er besteht aus dünnen Leichtholzstreifen, die mit Hartholz verstrebt und mit Seide überzogen sind. Das Ganze wiegt nur etwa hundert Kilogramm. Manche Leute werden wahrscheinlich nach einem Blick auf unsere Abbildungen nur lächeln. Andere, die von den relativen Grundgegebenheiten des Apparates Kenntnis haben, werden wahrscheinlich fragen, ob diese Flugmaschine schon funktioniert hat, also praktisch erprobt wurde. Das können wir leider noch nicht bejahen. Trotzdem sollte man die Zukunftsmöglichkeiten dieses Aeroplans keineswegs unterschätzen. Man hört schließlich immer wieder, daß es dem Menschen eines Tages möglich sein wird, sich in die Lüfte zu erheben und den Aeroplan lenkbar zu machen, wenn die Atmosphäre nicht gerade von Stürmen aufgewühlt wird. Wenn man dann noch Aluminium zum Bau verwenden kann und über leichtere, aber stärkere Motoren verfügt, dürfte die Lösung des Luftfahrt-Problems nicht lange auf sich warten lassen. Viel schwieriger wird die Praxis sein. Es genügt nicht, daß man ein sicheres, lenkbares Luftschiff hat. Mindestens ebenso wichtig ist eine besonnene, erfahrene Mannschaft.

Ein Luft-Fahrrad

Noch ein Luft-Fahrrad

Das nebenstehende Veloziped der Lüfte ist an Einfachheit wohl kaum zu übertreffen. Es ist allerdings vorläufig nur auf dem Papier vorhanden, müßte aber aller Wahrscheinlichkeit nach auch in der Praxis funktionieren. Der Veloziped-Aviatiker sitzt auf einem Fahrradsattel und setzt durch Pedaltreten die mit acht Flügelblättern versehene Luftschraube in Bewegung. Sollte sich dieses Einfachst-Fluggerät bewähren, ist ihm eine große Zukunft zu prophezeien. Zur schnellen Fortbewegung ist es natürlich kaum geeignet, denn die horizontal angeordneten Propellerflügel erlauben nur Aufwärtsbewegungen. Aber die Möglichkeit, sich mit eigener Kraft hoch über die anderen Menschen erheben zu können, wird von vielen Leuten gerne genutzt werden.

Radfahren im trauten Heim

Nur wenige Freunde des Veloziped-Sportes sind schon von Natur aus mit so kräftigen Beinmuskeln gesegnet, daß sie ihr Fahrzeug leicht und mühelos vorwärtsbewegen können. Für die Schwächeren wurde jetzt das nebenstehend gezeigte Heimtrainingsgerät erfunden. Man setzt sein Veloziped auf Rollen und kann nun seine Beinmuskeln in Wohnraumbehaglichkeit kräftigen, ohne den Gefahren des Straßenverkehrs und den kritischen Blicken Fremder ausgesetzt zu sein.

Heim-Trainingsgerät

Modell »Eiffelturm« und »Riesenrad«

Immer neue Ein- und Zweirad-Konstruktionen werden uns von den Erfindern beschert. Das links gezeigte Modell »Eiffelturm« dürfte allerdings nur für diejenigen einen praktischen Wert haben, die in der ersten Etage wohnen und das an die Hauswand gelehnte Gefährt vom Balkon aus zu besteigen wünschen. Das Hochrad ist wahrscheinlich ebenso wie das unten abgebildete »Riesenrad« für Leute entworfen, die um jeden Preis auffallen wollen.

Harpers Einrad »Unicycle«

Zwei sensationelle Wassersportgeräte

Unser Bild zeigt das Allerneueste auf dem Gebiet der Schwimmapparate. Wenn man dem Erfinder, Herrn William A. Richardson, glauben darf, ermöglicht es dem Benutzer, im Wasser eine Geschwindigkeit von sechs bis zehn Stundenkilometern zu erreichen. Durch Kurbeln mit Händen und Füßen wird eine vierflüglige Wasserschraube in Drehung versetzt, die den Schwimmer schnell vorantreibt.

Zur Fortbewegung auf der Wasseroberfläche dient das neue »Wasser-Veloziped«, ein mit Schwimmkörpern versehenes Fahrrad. Durch Treten der Pedale wird eine Heckschraube in mehr oder weniger schnelle Drehung versetzt. Die Manövrierfähigkeit wird durch ein mit der Lenkstange verbundenes Steuerruder garantiert.

Das Cyclodrome

Eine der Haupt-Attraktionen dieses Winters ist in Paris das »Cyclodrome«, das kürzlich im Hause Nr. 14 des Boulevard Montmartre eröffnet wurde. Die Champions des Radsportes verdanken dem Unternehmer Hurel, daß sie jetzt völlig gefahrlos ein echtes Radrennen absolvieren können – mit allen Aufregungen eines solchen Wettbewerbes – und das bei jedem Wetter.

Vier Konkurrenten sitzen auf vier Fahrrädern. Unter jedem Hinterrad befindet sich eine Doppel-Rolle, die mit einem Geschwindigkeitsmesser verbunden ist und gleichzeitig mit einem Miniatur-Fahrrad, daß sich auf einer stark verkleinerten Kopie einer Radrennbahn vorwärtsbewegt. Dort können die Zuschauer das Rennen genau wie auf einer richtigen Rennbahn verfolgen.

Nach dem Startschuß strampeln die Radfahrer los. Der Zeiger des Geschwindigkeitsmessers steigt von 40 Stundenkilometer auf 45...auf 50...der Beifall des Publikums treibt die Konkurrenten an, sie strampeln noch schneller, der Schweiß läuft ihnen über die Stirn, die Geschwindigkeit steigt weiter...55...60 Kilometerstunden! Ein Fahrer gewinnt langsam Terrain, sein Geschwindigkeitsmesser klettert auf 65 Stundenkilometer und sogar darüber...und unter dem Jubel der Zuschauer erreicht er die fabelhafte Geschwindigkeit von 80 Stundenkilometern!

Wenn der Sieger schließlich nach 50 Kilometern die »Ziellinie« passiert hat, bricht das Publikum in spontanen Beifall aus, um seine Begeisterung für diesen glänzenden sportlichen Wettkampf zu manifestieren, der dank Monsieur Guignard trotz starker Schneefälle und trotz vereister Straßen ungehindert vor sich gehen konnte.

Die seltsame Flugmaschine des Herrn Holmes

Herr John P. Holmes aus Oak Valley in Kansas (USA) hat sich einen leichten, aber soliden Flugapparat patentieren lassen. Der Apparat ist so konstruiert, daß der Luftschiffer mit einem Minimum an Energieverbrauch ein Maximum an guten Flugeigenschaften erzielen kann.

Der horizontale Rahmen ist mit Haken an der Tragfläche aufgehängt. Der Pilot liegt bäuchlings auf einer Stoffbahn, den Blick nach unten gerichtet. Mit den Händen bedient er zwei querliegende Kurbeln, von denen die eine die Neigung des Flugapparates reguliert und die andere eine Luftschraube in Drehung versetzt. Ein Steuer aus Segeltuch am Heck erlaubt dem Luftschiffer, durch Bewegung seiner unteren Gliedmaßen den Flugapparat zu lenken.

Radfahren mit Dusche

Auf der Veloziped-Ausstellung, die kürzlich in Paris stattfand, stellte einer der größten britischen Fahrradhersteller eine faszinierende Neuheit vor: die Velo-Dusche. Dieses praktische Gerät verbindet die Morgentoilette mit einem Morgentraining. Die beim Pedaltreten entwickelte Energie wird nicht nutzlos vergeudet, sondern zum Antrieb einer Kreiselpumpe nutzbar gemacht, die Wasser aus einem Reservoir hochtreibt. Je schneller man tritt, um so kräftiger wird der Wasserstrahl. Wenn man zusätzlich noch einen Wasser-Erhitzer unter der Wanne anbringt, kann man sogar warm duschen. Unserer Meinung nach wird sich die »Velo-Dusche« als ganz besonders nützlich erweisen in den Radfahr-Clubs und Radfahr-Schulen, die neuerdings überall aus dem Boden schießen.

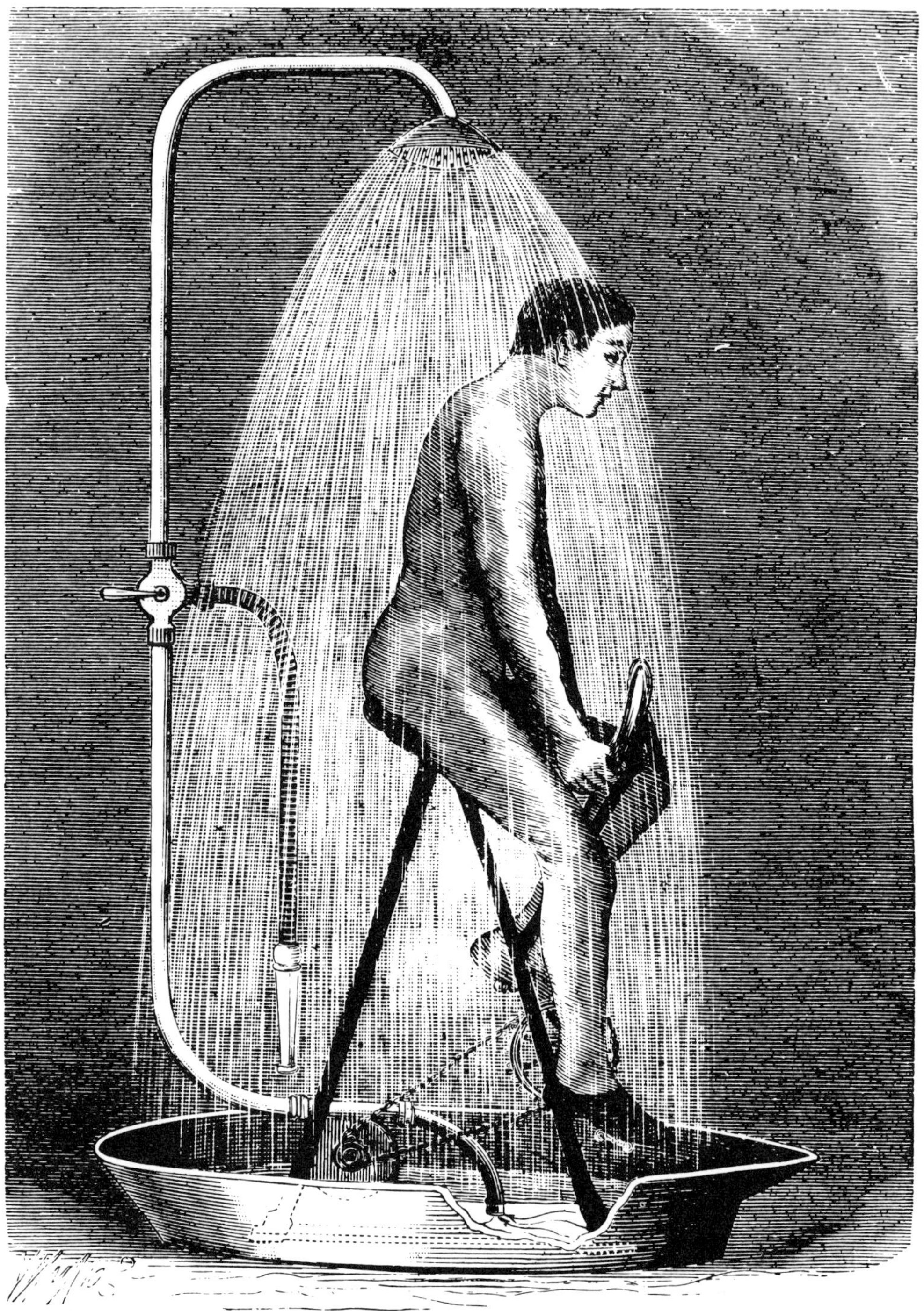

Die Radfahr-Dusche

Radfahren mit Dampf

Ein Dampf-Dreirad

Ein militärisches Super-Fahrrad

Britische Fahrrad-Soldaten

Rettungsboje mit Schrauben-Antrieb

Das Doppelschrauben-Seenotveloziped

Herr François Barathon aus Paris hat ein Seenot-Rettungsgerät entwickelt, das wie ein Fahrrad funktioniert. Der Schiffbrüchige sitzt auf einem luftgefüllten Gummiring in einer körpergerecht geformten Metallplatte. An dem Sitz befindet sich eine nach hinten gerichtete Schiffsschraube, die mit den Armen durch Drehung einer Kurbel in Betrieb gesetzt wird. Eine weitere Schraube an einer vertikalen Achse wird mit den Füßen in rotierende Bewegung versetzt. Zusätzlich kann der Schiffbrüchige seine Fahrtgeschwindigkeit durch Aufrichten eines kleinen Mastes mit einem Segel erhöhen. Das Rettungsgerät ist mit einer Laterne ausgerüstet, die nach Einbruch der Dunkelheit die Aufmerksamkeit etwaiger Rettungsschiffe anzieht.

Wir bezweifeln nicht die ehrenwerte Absicht des Herrn Barathon, den Schiffbrüchigen ein wirksames Rettungsgerät an die Hand zu geben. Wir erlauben uns aber, darauf hinzuweisen, daß hier ein uraltes physikalisches Gesetz übersehen wurde: Die Wasserverdrängung des Gerätes genügt nicht, einen erwachsenen Menschen über Wasser zu halten. Es müßte also ein zusätzlicher Schwimmkörper angebracht werden.

Das echte »Dampfroß«

Herr S. R. Mathewson aus Kalifornien hat ein als Pferd verkleidetes Dampfmaschinen-Fahrzeug gebaut, »um die Pferde auf den Straßen nicht zu erschrecken«. Eine Dampfmaschine mit 5 PS ist unter einem imitierten Pferd verborgen. Der Erfinder plant, demnächst Benzin als Brennstoff zu verwenden, weil der ausströmende Dampf schon mehrfach andere (echte) Pferde wild machte. Das Dampfroß ist mit einer Bremse ausgerüstet, die stark genug ist, das Fahrzeug bei einer Geschwindigkeit von 12 Stundenkilometern nach 6 Metern zum Stehen zu bringen.

Ein neuer Dampfwagen

Mathewsons Dampfroß auf Schienen

Der »Equibus« in Betrieb

Rückansicht des »Equibus«

Dampfwagen für drei Personen

Eine Kombination aus Dreirad und Druckerpresse

In Paris gibt es neuerdings ein Dreirad, das Reklametexte direkt auf die Straßenoberfläche druckt.

Auf den Felgen der Hinterräder sind Kautschukstreifen mit eingeschnittenen Druckbuchstaben befestigt. Ein Behälter mit Druckerschwärze unter dem Fahrersitz färbt über zwei Rollen die Buchstaben laufend ein. An der Hinterrad-Achse befindet sich ein von den Rädern angetriebener Ventilator, der den Staub von der Straße bläst. So wird die Reklame auf eine saubere Straßenoberfläche gedruckt und bleibt länger lesbar. Diese neue Werbemethode mag auf den ersten Blick durchaus überzeugend sein, aber vor ihrer Anwendung im großen Stil muß wohl gewarnt werden. Der Konkurrenzkampf auf dem Asphalt könnte zu Auswüchsen führen.

Motorrad für zwei Personen

Der Trolley-Wagen

Das Bild rechts oben auf der gegenüberliegenden Seite zeigt ein neues Elektro-Fahrzeug, das sich ohne Schienen auf ganz gewöhnlichen Straßen fortbewegen kann. An galgenförmigen Masten sind über der Straße Stromleitungen aufgehängt, auf denen der sogenannte »Trolley«, ein rollender Stromabnehmer, entlangläuft. Die Verbindung zwischen Trolley und Fahrzeugmotor wird durch eine an beiden Enden mit Gelenken versehene Stange hergestellt. In Greifnähe des Fahrers befindet sich ein Stromunterbrecher. Wenn der Fahrer ausbiegen oder von einer Straßenseite auf die andere wechseln will, braucht er nur den Lenkhebel des schwenkbaren Vorderrades zu bewegen. Die Gelenkigkeit der Verbindung zwischen Fahrzeug und Trolley macht sogar möglich, daß der Wagen einen anderen überholen kann.

Durch Elektrizität angetriebenes Fahrzeug

Ein Dreirad mit Benzinmotor

Ein Automobil von Panhard und Levassor: Zweiter Preis

Der große Wettkampf der Automobile

Auf den beiden oberen Bildern sehen wir die Sieger des Automobilrennens Paris–Bordeaux.

Das Rennen begann am 11. Juni 1895 in Paris. Zurückzulegen war die Strecke Paris–Bordeaux und zurück, also 1170 Kilometer. Bedingung war, daß nur viersitzige Wagen um den ersten Preis von 40000 Franken kämpfen konnten. Sonderpreise waren ausgesetzt für Velozipeds mit Benzinmotor.

Sechsundsechzig von Benzin, Elektrizität oder Dampfkraft angetriebene Fahrzeuge nahmen am Rennen teil. Auf der ganzen Strecke wurden Kontrollstationen eingerichtet und eine Spezial-Telegrafenleitung installiert, um die Renn-Informationen sofort nach Paris zu melden.

Tausende und Abertausende verfolgten das Rennen an den Straßenrändern. Als erster kam der Wagen der Herren Panhard und Levassor in Bordeaux an. Er benötigte für die Distanz von 585 Kilometern genau 22 Stunden und 28 Minuten, das bedeutet eine Durchschnittsgeschwindigkeit von 24,4 km/std. Auf der Rückfahrt hatte der Wagen kurz hinter Bordeaux eine Panne, die eine volle Stunde Verspätung verursachte. Den Sieg trug der Wagen der Gebrüder Peugeot davon, mit einer Durchschnittsgeschwindigkeit von 23,9 km/std über 1170 Kilometer.

Die Sieger des Rennens Paris–Bordeaux. Die Söhne der Gebrüder Peugeot mit ihrem Wagen

Das »vis-à-vis«-Modell von Krieger

Elektro-Cab von Jeantaud

Projekt einer Preßluft-Hochbahn

Von den vielen Vorschlägen, wie das Problem des New Yorker Schnellverkehrs zu lösen sei, zeigen wir hier den Entwurf des Herrn R. H. Gilbert. Sein Plan sieht die Errichtung von gußeisernen Bögen vor, die die Straße im Abstand von 15 bis 30 Metern überqueren und zwei Röhren von 2 bis 3 Metern Durchmesser tragen. Durch diese Röhren sollen mittels Preßluft zylinderförmige Passagierkabinen vorwärts getrieben werden. Die in einem Abstand von 1000 bis 1500 Metern verteilten Stationen sind von der Straße her mit Fahrstühlen oder Rolltreppen zu erreichen. Im Scheitel der Bögen wäre noch genügend Platz für eine Brief-Rohrpost.

New Yorks Stadtväter haben sich für diesen Entwurf ausgesprochen, weil sie ihn für realisierbar und zweckmäßig halten. Leider hat sich von vielen Seiten lauter Widerspruch erhoben gegen die »ungeheuren Brücken über unsere Straßen«.

Die elektrische Straßenbahn

Bisher wurden Straßenbahnen in der Regel von Pferden gezogen. Aber Pferde sind ein kostspieliges Transportmittel. Sie sind teuer im Unterhalt und noch viel teurer in der Anschaffung. Vor allem benötigt das Pferd eine Sorte Treibstoff, die viel zu teuer ist, um rentabel zu sein: Hafer, Heu und Brot können im Preis nicht mit der Kohle konkurrieren. Trotzdem war man bisher gezwungen, Pferdekraft zu benutzen, weil Dampflokomotiven in unseren Straßen große Schwierigkeiten verursachen würden.

Auf der Berliner Ausstellung von 1879 hat nun Herr Werner Siemens eine Bahn vorgestellt, die großes Aufsehen erregte. Eine An-

Elektrische Straßenbahn in Blackpool

Elektrische Bahn von Siemens

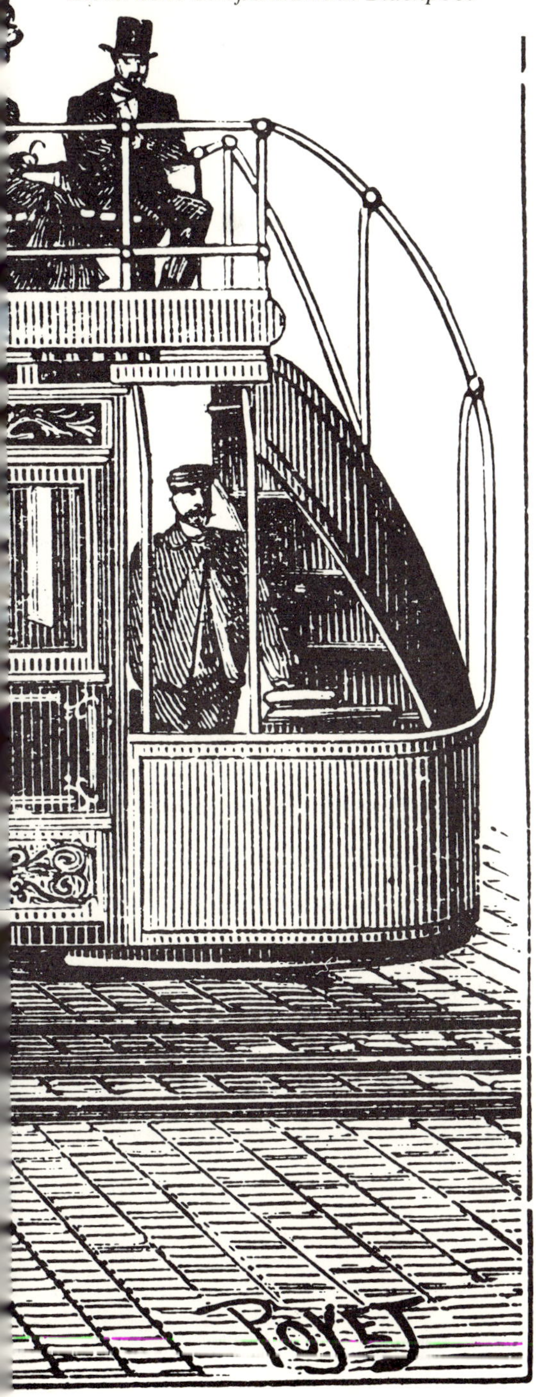

Fridenbergs Kühlsystem für Eisenbahnwagen

zahl offener Wagen wurde mit ziemlicher Geschwindigkeit von einer kleinen Lokomotive mit Elektromotor gezogen. Die Stromzufuhr fand über die beiden Schienen statt.

Die Vorzüge der Siemens-Bahn sind unübersehbar. Es gibt keine Brandgefahr, weder für die Wagen noch für die umliegenden Häuser, denn es wird kein brennbarer Treibstoff benutzt. Es gibt keinen Rauch und keine Funken, folglich keine Explosionsgefahr. Und falls ein Wagen entgleist, ist der Strom automatisch abgeschaltet, und der Wagen bleibt stehen.

Eine elektrische Siemens-Straßenbahn über eine Distanz von zweieinhalb Kilometern wurde kürzlich in Berlin dem Verkehr übergeben. Jetzt gibt es keine Lokomotive mehr, der Motor ist unter dem Wagen versteckt. Die Stromschiene ist zwischen den beiden äußeren Schienen im Boden versenkt. In einem Prospekt weisen die Herren Siemens und Halske besonders darauf hin, daß zum Betrieb mehrerer Straßenbahnen nur eine einzige feststehende Dampfmaschine nötig ist, die das Netz mit Strom versorgt. Die Herren erwähnen außerdem, daß ihre Maschine auch für andere Zwecke elektrische Energie liefern könnte, z. B. für Beleuchtungszwecke.

Gegenwärtig macht man auch in anderen Ländern Versuche mit elektrischen Tramways, aber man darf sich fragen, ob sie jemals imstande sein werden, auf allen öffentlichen Straßen zu fahren.

Kellogs verbesserter Schlafwagen

Die elektrische Straßenbahn in Berlin-Spandau

Die Eröffnung des Broadway-Tunnels

Der »New York Herald« meldet:

»Am 26. Februar 1870 wurde die erste unterirdische Bahn Amerikas eingeweiht.«

Und die »New York Times« fügt hinzu:

»Das ist wohl das geglückteste Unternehmen, das die New Yorker je zu sehen bekamen: ein Preßluft-Tunnel unter dem Broadway. Gestern war der Tunnel zum ersten Male für Besucher geöffnet, und man kann sagen, daß jeder überrascht und aufs höchste erstaunt war. Man erwartete eine triste, in den Broadway hineingegrabene Höhle – statt dessen stand man in einer eleganten Empfangshalle vor dem hellerleuchteten und gut gelüfteten Tunnel. Diejenigen, die mit der Hoffnung gekommen waren, irgendeinen technischen Fehler zu entdecken, verstummten vor der Perfektion der Maschinerie und der Sicherheit des rollenden Materials.«

Und hier, was die »Evening Mail« schreibt:

»Das Problem, einen Tunnel unter den Broadway zu graben, ist gelöst.

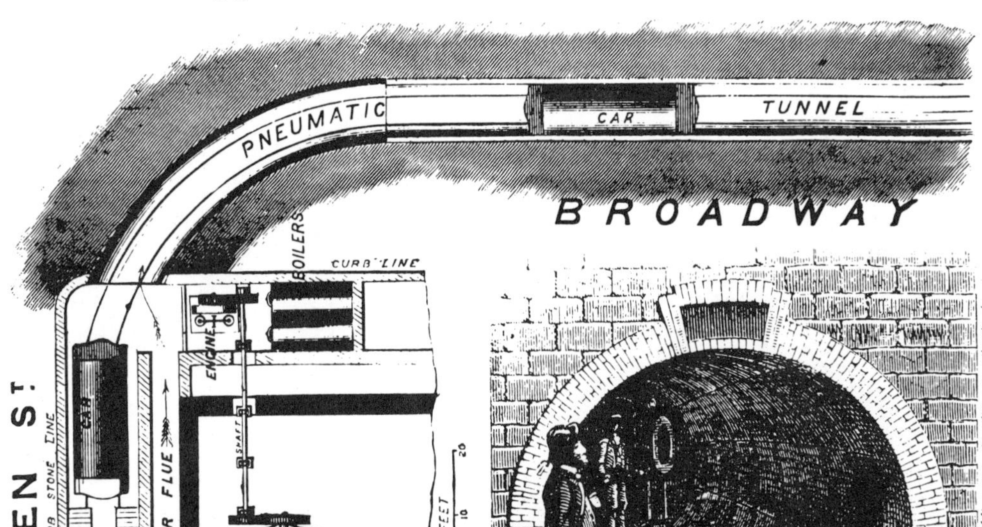

Während wir diese Zeilen in Druck geben, verkehrt bereits ein bequemer Wagen mit Passagieren zwischen Warren- und Murray-Street. Damit ist schlüssig bewiesen, daß ein Schnellverkehrsmittel zwischen Battery und Harlem nur noch eine Frage von Zeit und Geld ist.«

Der für den Tunnelverkehr gebaute Wagen hat die Form eines Zylinders und ist mit bequemen Polstersesseln für achtzehn Personen ausgestattet. Sobald der Tunnel verlängert wird, sollen luxuriöse Wagen von dreißig Metern Länge in Dienst gestellt werden. Die Antriebskraft ist denkbar einfach: Von einem gigantischen Gebläse wird Luft in den Tunnel gepreßt und so der Wagen vorwärts getrieben.

Die Einschienenbahn

Herr E. S. Watson aus Water Valley am Mississippi ließ sich eine Hochbahn mit nur einer Schiene patentieren. Die Schiene hat T-Form und ruht in regelmäßigen Abständen auf Holz- oder Betonpfählen. Die Querschnittzeichnung (2) zeigt, wie Lokomotive und Waggons auf der Schiene liegen. Der Zug kann nicht entgleisen, weil der Schwerpunkt unter der Schiene liegt. Ein weiterer Vorteil dieser Bahn ist, daß der Straßenverkehr unter der Schiene stattfinden kann und somit Schranken überflüssig werden.

Das rollende Trottoir für Fußgänger

Vor etwa zwanzig Jahren hat Herr Alfred Speed aus Passaic in New Jersey einen Vorschlag für den Stadtverkehr gemacht, den man als bewegliches Trottoir bezeichnen könnte. Der Plan sah vor, eine Reihe breiter Treibriemen mit verschiedenen Geschwindigkeiten nebeneinander herlaufen zu lassen.

Auf diesen Transmissionsriemen sollten miteinander beweglich verbundene Bodenplatten angebracht werden. Der erste Treibriemen müßte eine Geschwindigkeit von höchstens 5 Stundenkilometern haben, um ein müheloses Aufsteigen der Passagiere zu ermöglichen. Die danebenlaufende Bahn hätte bereits 10 Stundenkilometer, die nächste sogar eine Geschwindigkeit von 15 Stundenkilometern.

Die Passagiere können von einem »rollenden Trottoir« zum anderen leicht umsteigen, denn die Differenz beträgt immer nur 5 Stundenkilometer. Auf der dritten Bahn könnten auch Sitze angebracht werden.

Mr. Speed hat damals ein Modell seiner Erfindung gebaut, das perfekt funktionierte und jeden, der es sah, begeisterte. Aber alle Bemühungen des Erfinders, Geldgeber für dieses neue Verkehrsmittel zu interessieren, blieben erfolglos, so daß schließlich der Patentschutz erlosch.

Die Idee dieses Transportmittels wurde jedoch in Deutschland wieder aufgenommen, und wir haben eine sehr hübsche Broschüre bekommen mit Zeichnungen, Details und Kostenvoranschlägen für die Kombination »Straßenbahn und rollendes Trottoir«.

Die Zeichnung auf der gegenüberliegenden Seite zeigt eine Hauptstraße mit erhöht angebrachtem Roll-Trottoir. Ein Teil der Sitzbänke soll überdacht werden.

Es bestehen Pläne, im Zentrum einer Großstadt mehrere Linien zusammenlaufen zu lassen und den Passagieren eine Umsteigemöglichkeit zu geben (siehe unteres Bild). Wenn der Verkehr weiter zunimmt, weist dieses System im Gegensatz zu den üblichen Straßenbahnen außerordentliche Vorteile auf. Bei 12000 Passagieren pro Stunde ist weniger als ein Viertel der Motorenkraft nötig, die eine Straßenbahn für den Transport der gleichen Anzahl von Passagieren benötigt. Um dieselbe Kapazität zu erreichen, müßte die Straßenbahn stündlich dreihundert Züge mit je acht Wagen verkehren lassen.

Das rollende Trottoir wird außerordentlich sicher sein. Ein Hinfallen beim Wechsel von einem Trottoir zum andern kann keine schlimmen Folgen haben, weil die Geschwindigkeitsdifferenz dem normalen Fußgängertempo entspricht.

Hier noch einige weitere Vorteile: es ist wenig Personal nötig, es gibt keinen Rauch und Schmutz, man ist von keinem Fahrplan abhängig und braucht nie auf einen Zug zu warten.

Harrimans zweistöckiger Eisenbahnwaggon

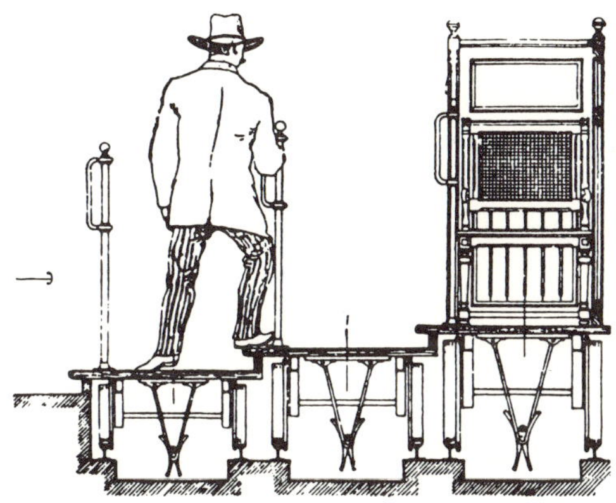

Querschnitt: Das Umsteigen von einem rollenden Trottoir auf das nächstschnellere

Umsteigebahnhof mit vier rollenden Trottoir-Linien

Trambahn mit Erdleitung

Die ersten Trambahnen bezogen ihren Strom aus den beiden Schienen, auf denen sie fuhren. Das schien das einfachste Verfahren zu sein, aber die Isolation war nicht immer perfekt. Schnee, Eis oder Schmutz behinderten oft die Stromzufuhr, vom Risiko elektrischer Schläge für Mensch und Tier ganz zu schweigen.

Der New Yorker Ingenieur John G. Henderson hat nun ein neues System entwickelt, bei dem sich die Stromleitung in einem Graben zwischen den Schienen befindet. Der Graben ist bis auf einen Spalt in der Mitte abgedeckt. Unter dem Trambahnwagen ist eine Zuleitungsstange angebracht, die in dem Spalt an der Stromleitung entlang fährt und so den Elektromotor der Tram mit Energie versorgt.

Straßenbahn und Hochbahn

Unsere überfüllten Straßen müssen entlastet werden. Dieses Verkehrsproblem könnte am besten gelöst werden durch schnelle Züge oberhalb der Straße und zwei parallele Straßenbahnen zu ebener Erde. Unser Bild zeigt einen Querschnitt durch das auf Pfeilern stehende Hochbahn-Projekt des Ingenieurs T. C. Clarke aus New York.

De Groofs Fallschirm

Am 9. Juli 1874 fand der Belgier de Groof bei der Benutzung seines berühmten Fallschirmes den Tod. Jahrelang hatte er an einem Flugapparat gebastelt, der den Vogelflug nachahmen sollte. Er baute eine Maschine, deren Flügel an eine Fledermaus erinnerten. Die Flügel mit einer Spannweite von 12 Metern waren mit kräftiger, wasserdichter Seide überzogen, ebenso der 6 Meter lange Schwanz.

Der erste Versuch de Groofs bestand darin, daß er in Brüssel aus großer Höhe von einem Hausdach auf den Großen Platz sprang. Es war ein totaler Mißerfolg, aber glücklicherweise blieb de Groof unverletzt.

Im letzten Sommer begab er sich nach London, ließ sich mit seinem Fluggerät vom Freiballon des Herrn Simmons in die Luft tragen und in 150 Meter Höhe ausklinken. Er landete heil im Wald von Epping.

Am tragischen 9. Juli wollte de Groof über der Themse abspringen. Der Freiballon trug ihn mit seinem Fallschirm zunächst bis auf 1300 Meter Höhe und dann wieder hinunter auf etwa 300 Meter. Dort löste de Groof seine »Maschine« von der Ballongondel. Aber statt sich unter dem Luftdruck zu öffnen, klappten die Tragflächen zusammen, und de Groof stürzte tödlich ab.

Der plötzliche Gewichtsverlust ließ den Ballon des Herrn Simmons schnell hochsteigen. Der Ballonfahrer sah de Groof auf dem Boden aufschlagen und wurde vor Schreck in seiner Gondel ohnmächtig. Er kam erst wieder zu sich, als der Ballon über den Victoria-Park trieb und landete in Essex auf den Bahngleisen direkt vor einem heranbrausenden Zug, den der Kondukteur gerade noch zum Stehen bringen konnte.

Solche bedauerlichen Unfälle beweisen einmal mehr, wie dornenreich die Wege der großen Erfinder sind.

Entwurf einer Flugmaschine mit Dampfkraft

Die fliegende Riesenzigarre

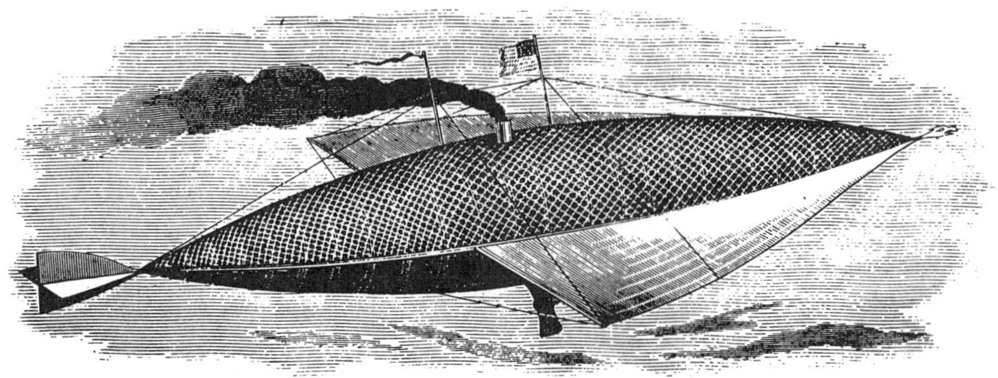

Am 2. Juli 1869 führte Herr Frederick Mariott in einem Saal in Mound Lake (Kalifornien) das Modell eines kleinen, von ihm erfundenen Luftschiffes vor, das er »Avitor« getauft hatte. Dieses Luftschiff hat die Form einer Zigarre, ist 11 Meter lang und hat in der Mitte einen Durchmesser von 3,35 Metern. Unter jedem der zwei Flügel befindet sich eine dampfgetriebene Luftschraube.

Im großen Saal schien das Luftschiff-Modell perfekt zu funktionieren. Aber im Freien bei einer leichten Brise verlief die Demonstration enttäuschend. Wir machen uns kaum Hoffnung, daß die Erfindung des Herrn Mariott in der Praxis ein Erfolg wird.

Ein lebendiger Flugapparat

Baltimore, 30. August 1865

Sehr geehrter Herr Redakteur,

Während der letzten Monate haben Sie mehrere Artikel über Flugmaschinen veröffentlicht und der Hoffnung Ausdruck gegeben, daß solche Apparate in nächster Zukunft Wirklichkeit werden können. Was mich betrifft, verfolge ich seit Jahren auf diesem Gebiete eine Idee, die ich aber leider noch keiner praktischen Erprobung unterziehen konnte.

Es handelt sich darum, die Energie niederer Tiere für menschliche Zukunftsprojekte nutzbar zu machen. Es gibt zahlreiche Vögel, wie z. B. den Adler, die für ihre Flügelkraft und erstaunliche Flugausdauer bekannt sind. Wenn man davon ausgeht, daß so ein Vogel bis zu zehn Kilo tragen kann (sie schleppen, wie man weiß, Kinder und sogar Lämmer weg), wären also nicht mehr als zehn Vögel nötig, um einen erwachsenen Menschen durch die Lüfte zu tragen.

Auf der beigefügten Zeichnung habe ich dargestellt, wie die Adler mittels kräftiger Riemen an einem runden Metallrahmen befestigt werden und einen Drahtkorb tragen, der groß genug ist, um einen Menschen aufzunehmen. Das Ganze würde eine wirklich natürliche Flugmaschine darstellen. Ein System von Bindfäden erlaubt dem Einsitzenden, die Flügel der Vögel festzuhalten oder freizugeben und so die Flughöhe zu regulieren. Nach demselben Prinzip könnte man auch durch Ziehen an den Vogelköpfen die Flugrichtung bestimmen. Könnte diese Erfindung nicht ein Luft-Transportmittel bieten, das gleichzeitig einfach und billig ist? Anmerkung der Redaktion: Diese Idee scheint uns ziemlich absurd. Wir möchten sie dennoch unseren Lesern nicht vorenthalten. Vielleicht sollte man es auf einen Versuch ankommen lassen.

Ein Luftschiff auf Kabeln

Das hier gezeigte Ballon-Fahrzeug rollt auf starken Kabeln, die von Beton-Pylonen getragen werden. Der Ballon ist mit Gas von extrem niedrigem spezifischem Gewicht gefüllt. Der Antrieb erfolgt durch eine Dampfmaschine, deren vorwärtstreibende Wirkung noch durch Segel erhöht werden kann.

Die Räder haben tief eingekerbte Felgen, in denen oben und unten je ein Kabel läuft.

Diese Neukonstruktion hat einen doppelten Zweck: Auf der einen Seite wird die aufwärtstreibende und damit gewichtsvermindernde Kraft des Gases ausgenutzt, andererseits die vorwärtstreibende Dampfkraft. Die Seile bzw. Kabel dienen nur dazu, die Richtung zu halten. Die »Luft-Lokomotive« ist so geformt, daß ihr Luftwiderstand möglichst gering ist. Das Fahrzeug ist für den Transport von Passagieren und Frachten gedacht. Wenn die Auftriebskraft des Gases irgendwann stärker sein sollte als das Gewicht des Fahrzeuges, wird es von den Kabeln gehalten, die oben über die Räder laufen. Im umgekehrten Fall liegen die Räder fest und sicher auf dem unteren Kabel.

Diese von Herrn Fontaine erdachte Bergbahn ist eine Weiterentwicklung des oben dargestellten Kabelballons. Ob der Ballonauftrieb für diesen Zweck genügt, müssen Versuche erweisen.

Die fliegende Dampfmaschine

Joseph Kaufmann, Ingenieur in Glasgow, England, hat die hier gezeigte Dampf-Flugmaschine erdacht. Man kann auf dem Bilde nur zwei Neuntel der Flügel sehen, von denen jeder 10,5 Meter lang ist. Eine Dampfmaschine von zweieinhalb Tonnen Gewicht hebt und senkt diese Flügel und erzeugt dadurch eine Bewegung, die dem Flügelschlag eines Vogels ähnelt. Während des Aufstiegs sollen sich die Flügel etwa 120mal pro Minute auf und ab bewegen.

Unter dem Flugapparat hängt an einer Teleskopstange ein Gewicht von 40 kg, um ihn während des Fluges in Balance zu halten. Mit einer 120 PS starken Dampfmaschine ausgerüstet, könnte diese Konstruktion angeblich eine Reisegeschwindigkeit von 90 km/h erreichen und drei Gondeln tragen.

Mr. Kaufmann führte ein nur 20 kg wiegendes Modell vor. Die Flügel machten tatsächlich vogelähnliche Bewegungen, als aber der Dampfdruck stark erhöht wurde, schlugen sie so heftig, daß sie abbrachen.

System eines »Ballon-Zuges« für eine Nordpol-Expedition

Start der drei Ballons zur englischen Nordpol-Expedition von 1879

Im Ballon zum Nordpol

In der Londoner Zeitschrift »Graphic« fanden wir die nebenstehende Darstellung einer Ballon-Kombination, wie sie Herr Henry Coxwell für eine Nordpol-Expedition vorschlägt. Man hat errechnet, daß die drei miteinander verbundenen Ballons außer sechs Mann Besatzung noch drei Tonnen Ausrüstung, Proviant, Zelte, Hunde, Schlitten und Ballast transportieren können. Der dreieckige Rahmen, der die Ballons miteinander verbindet, ist mit Laufseilen versehen, so daß die Expeditionsmitglieder sich von einem Ballon zum anderen begeben können. An den Ballons hängen Schleppseile, die für gleichmäßige Flughöhe sorgen. Die Gondeln sind geheizt, und die Verbindung zum Versorgungsschiff wird durch einen Telegrafendraht gesichert, der von einem großen Rad abrollt. Man plant, Ende Mai oder Anfang Juni zu starten und eine Route zu wählen, die den von zwei meteorologischen Stationen berechneten Luftströmungen folgt.

Noch eine Polar-Expedition

Auf unserem Bild sind drei startbereite Ballons zu sehen, die in der ersten Juniwoche von ihrem Winterquartier zum Nordpol fliegen sollen. Die drei Ballons, von denen jeder eine Tonne Tragfähigkeit hat, transportieren Hundeschlittengespanne und Proviant für 51 Tage. Wenn alles gut geht, werden die Aeronauten den Nordpol nach etwa 30 Flugstunden erreichen. Die Ballons sollen sich von einer Luftströmung treiben lassen, die direkt zum Pol führt. Von einer Luftströmung in umgekehrter Richtung ist nichts bekannt.

Wir fragten deshalb den Kommandanten Cheyne, wie er zurückzukommen gedenkt. Seine vorsichtige Antwort lautete:

»Das hängt von den Umständen ab. Meine Hauptaufgabe ist es, hinzukommen. Wenn wir erst mal da sind, können Sie uns auch zutrauen, daß wir wieder zurückkommen. Wir müssen natürlich mit vielen Unsicherheitsfaktoren rechnen. Wir führen komprimiertes Gas in Stahlzylindern mit. Durch Aufblasen der Ballons können wir die Gebirgszüge überwinden. Und wenn etwas passiert, haben wir immer noch unsere Hundeschlitten, unsere Boote und den Proviant für viele Tage.«

Wir wünschen dem gewagten Unternehmen einen vollen Erfolg.

Dr. Ayres und sein »Fliegendes Bettgestell«

Herr Dr. W. O. Ayres aus New Haven (USA) hat eine derartig utopisch aussehende Flugmaschine entworfen, daß man ernste Zweifel an der Realisierbarkeit haben darf. Aber die Tatsache, daß eine so seriöse Publikation wie der »Scientific American« dieser Maschine mehrere Spalten gewidmet hat, sollte genügen, daß wir unseren Lesern dieses Projekt nicht vorenthalten.

Die Antriebsenergie kommt aus zwei in der Mitte des Fahrgestells angebrachten Preßluftzylindern. Mit dieser Preßluft sind auch die Rohre gefüllt, aus denen das Fluggestell zusammengesetzt ist. Ihr Inhalt genügt angeblich, um das Luftfahrzeug mehrere Stunden in Betrieb zu halten. Die Preßluft steht unter einem Druck von 200 Atmosphären.

Der Zeitschrift »The Scientific American« entnehmen wir weitere Details. Das angesehene Blatt schreibt:

»Es ist durchaus möglich, daß die der Vorwärtsbewegung dienenden Luftschrauben größer sein müssen. Dann dürfte die Maschine die in sie gesetzten Erwartungen erfüllen.

Der Flugapparat soll 120 cm lang, 90 cm breit und 120 cm hoch sein. Die Wandung der Stahlröhren muß mindestens 6 mm stark sein, um dem starken Druck standzuhalten. Der Aviatiker sitzt auf einem an Stahldrähten aufgehängten Fahrradsattel. Die vier horizontalen Luftschrauben sollen die Aufwärtsbewegung ermöglichen. Sie werden von der Preßluft und gleichzeitig von den unteren Gliedmaßen des Aviatikers durch Pedaltreten in Bewegung gesetzt.

An jedem Preßluftzylinder ist ein Motor angebracht, der ein Schaufelrad antreibt. Diese Schaufelräder werden zusätzlich vom Fahrtwind in Drehung versetzt.

Der Aviatiker reguliert mit der linken Hand die Preßluftzufuhr und mit der rechten Hand bestimmt er durch Drehen an einer Kurbel die Fahrtrichtung.«

Soweit der »Scientific American«. Wenn wir auch beträchtliche Zweifel an der praktischen Durchführbarkeit hegen, lassen wir uns gern an Hand späterer Erprobungen eines Besseren belehren.

Fesselballon für 40 Passagiere, der von 1878 bis 1879 in Paris in Betrieb war.

Querschnitt durch die Gondel des Pariser Fesselballons

Totalansicht des Fesselballons. Nach dem Aufsteigen wurde er mit einer Dampfmaschine wieder heruntergezogen

Das lenkbare Luftschiff der Gebrüder Tissandier

Der französische Physiker Gaston Tissandier hatte als erster die Idee, zum Antrieb eines Ballons Elektrizität zu verwenden und ihn damit lenkbar zu machen.

Tissandier berichtet: »Ich habe erst einmal mit Versuchen in kleinem Maßstabe angefangen und einen 4 Meter langen Ballon bauen lassen, der an den beiden Enden spitz zuläuft, in der Mitte 1,20 Meter Durchmesser und ein Fassungsvermögen von 2,2 Kubikmetern hat. Für diesen Ballon wurde ein Dynamomotor vom Typ Siemens hergestellt. Er wiegt 220 Gramm und treibt eine extrem leichte Luftschraube von 60 Zentimeter Durchmesser an. Mit zwei Akkumulatoren, von denen jeder nur ein Pfund wiegt, hat der Ballon eine Geschwindigkeit von 2 Metern pro Sekunde erreicht, also die eineinhalbfache Fußgängergeschwindigkeit. Das Flugverhalten des kleinen Ballons und die dank der Luftschraube erreichte Geschwindigkeit können als sehr ermutigende Resultate angesehen werden.«

Seit diesem Gespräch haben Gaston Tissandier und sein Bruder Albert alle Energie aufgewendet, um in ihrem aerostatischen Laboratorium in Auteuil bei Paris Versuche in größerem Maßstabe zu machen. Sie ließen einen 28 Meter langen Ballon mit kegelförmigen Enden bauen, einem Maximaldurchmesser von 9 Metern und einem Fassungsvermögen von über 1000 Kubikmetern. Er wiegt 160 Kilogramm und ist mit einem Netz überzogen, das in 20 Seile ausläuft, an denen eine Gondel aus Bambus und Korbgeflecht hängt.

Die Gondel trägt einen 35 Kilogramm schweren Siemens-Elektromotor sowie 24 Batterie-Elemente und vier Hartgummi-Eimer, von denen jeder 100 Teile Wasser, 16 Teile Pottaschen-Bichromat und 37 Teile Schwefelsäure enthält. Wenn man einen dieser Eimer durch einen Seilzug in Schräglage versetzt, fließen 30 Liter in die Elemente, die daraufhin Strom erzeugen. Diese elektrische Installation gibt der 7 Kilogramm schweren Luftschraube aus Stahl und Fichtenholz eine Geschwindigkeit von 180 Umdrehungen pro Minute.

Ende September 1883 war die Anlage zur Herstellung von 1000 Kubikmeter Ballongas fertig. Der Ballon lag unter einem Zelt bereit und wartete darauf, bei günstigen atmosphärischen Bedingungen aufgefüllt zu werden. Gaston Tissandier schreibt:

> »Am 7. Oktober war das Wetter ideal, auch nicht der leiseste Wind. Wir beschlossen, am nächsten Morgen einen Versuch zu wagen. Das Auffüllen des Ballons begann um 8 Uhr morgens und dauerte bis 3 Uhr nachmittags.

Die Gondel des lenkbaren Luftschiffes von Tissandier

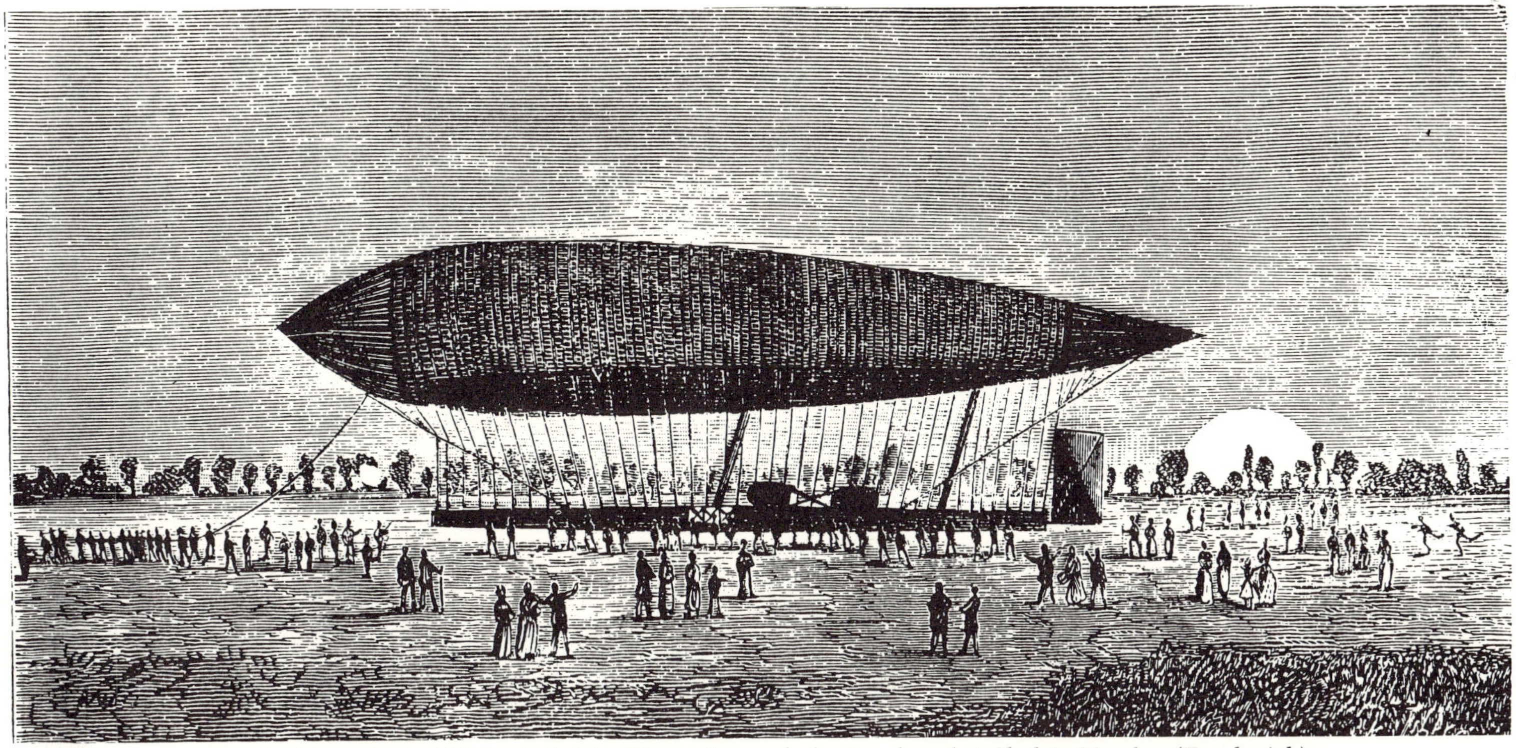

Das lenkbare Luftschiff der Gebrüder Tissandier nach der Landung bei Chalais-Meudon (Frankreich)

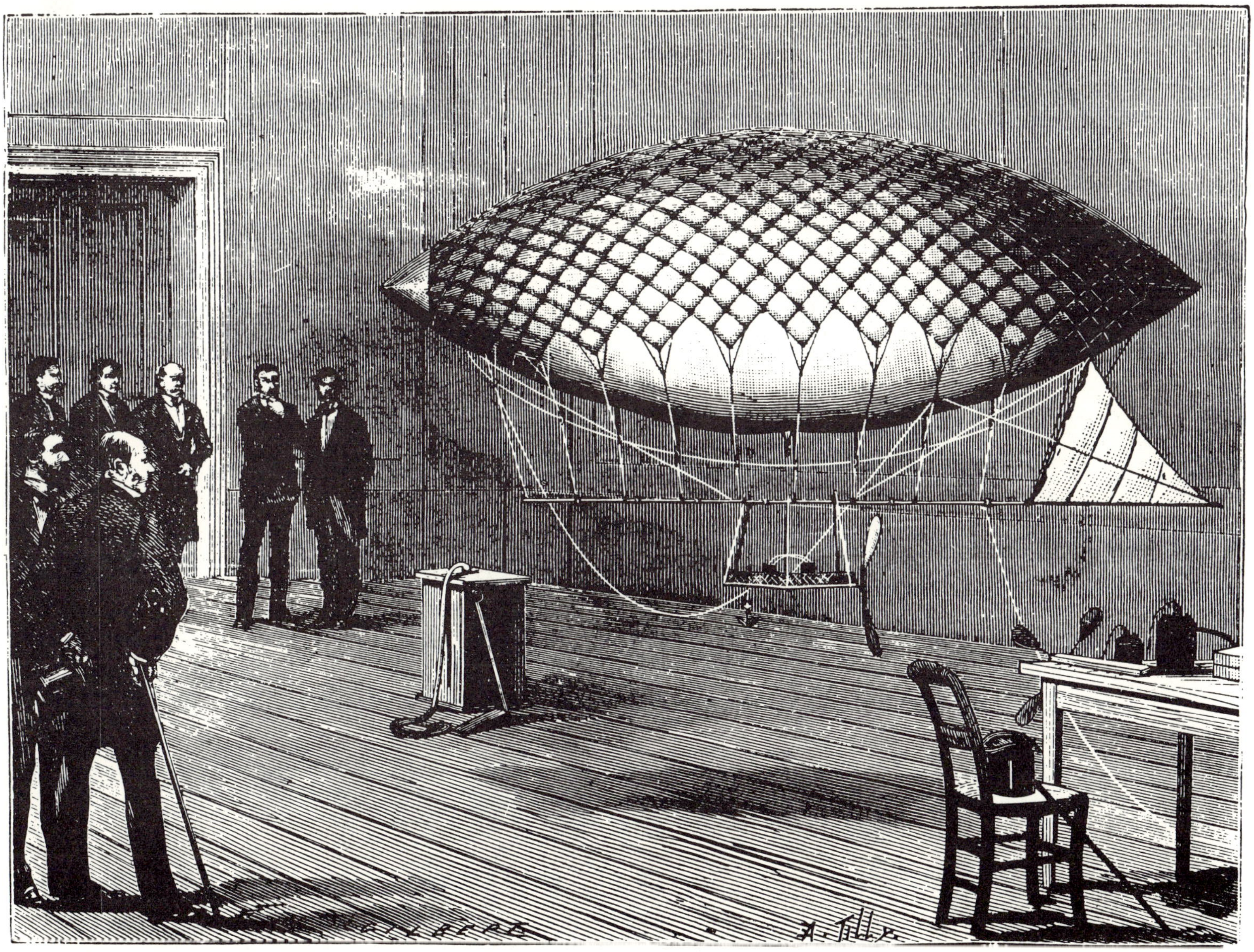

Versuche mit dem verkleinerten Modell des elektrisch angetriebenen Tissandier-Luftschiffes

Tissandiers Luftschiff beim ersten Probeflug am 8. Oktober 1883

Nachdem wir noch Ballast geladen hatten, stiegen mein Bruder und ich um 3.20 Uhr auf. Als wir einige Minuten nach dem Start eine Höhe von 400 bis 500 Metern erreicht hatten, setzte ich die Akkumulatoren in Betrieb. Zunächst war die Geschwindigkeit noch sehr gering, aber als wir über dem Bois de Boulogne unseren Motor auf die höchste Drehzahl brachten, war das Tempo des Ballons schon sehr beachtlich, und wir spürten einen angenehmen Luftzug.

Das Luftschiff lag zunächst sehr ruhig, aber das wurde leider bald anders. Bei aufkommendem Gegenwind begann es plötzlich, sich hin und her zu drehen und unserem Steuerruder nicht mehr zu gehorchen. Als wir das Luftschiff in den Wind zu stellen versuchten, flatterte das Steuerruder wie ein loses Segel. Wir stellten deshalb den Motor ab und setzten ihn erst wieder in Gang, als das Luftschiff vom Winde vorwärts getragen wurde. Die Geschwindigkeit erhöhte sich beträchtlich. Wir landeten dann um 4 Uhr 35 wohlbehalten in der Nähe von Croissy sur Seine.

Die Nacht über ließen wir den Ballon gefüllt und am Boden gut verankert. Am nächsten Morgen konnten wir feststellen, daß kein Gas aus der Hülle entwichen war. Um unser Luftschiff drängte sich eine große Menschenmenge, während Photographen und Maler viele Bilder machten.

Wir wären noch einmal aufgestiegen, wenn die Pottaschelösung sich nicht kristallisiert hätte. Deshalb funktionierte die Batterie nicht mehr. Wir trafen die nötigen Vorbereitungen, um unser Luftschiff sozusagen als Fesselballon zum Seine-Ufer zu ziehen. Dann waren wir leider gezwungen, das in so mühsamer Arbeit hergestellte Gas abzulassen.

Wir brachten das Luftschiff mit allem Zubehör unbeschädigt zurück auf unser Werksgelände.«

Soweit der Originalbericht Gaston Tissandiers. Es sollte nicht unerwähnt bleiben, daß die hier gezeigten Bilder von seinem Bruder Albert gezeichnet wurden.
Diese erste Versuchsfahrt war noch nicht ganz befriedigend. Sie machte einige Fehlerquellen sichtbar, an deren Beseitigung nun gearbeitet wird. Wenn den Brüdern Tissandier das gelingt und sie eines Tages auch bei ungünstigem Wetter ihr Luftschiff in jede gewünschte Richtung lenken können, ist der Luftverkehr keine Utopie mehr. Wir hoffen, unsere Leser noch im Laufe dieses Jahres darüber informieren zu können.

Ein optisches Phänomen, das am 16. Februar 1873 von einem Ballon aus beobachtet wurde

Abenteuerliche und tragische Ballonfahrten

Unter diesem Titel hat der Pariser Buchhändler Hachette einen reich illustrierten Prachtband herausgebracht, in dem die aufregendsten Ballonfahrten der Herren Gaisher, Flammarion, Fonville und Tissandier mit allen Einzelheiten und mit vielen wissenschaftlichen Beobachtungen beschrieben werden. Wir entnahmen diesem Buch die obige Zeichnung, die einen Zwischenfall bei einer von den Herren Coxwell und Gaisher am 5. September 1862 unternommenen Ballonfahrt darstellt. In einer Höhe von etwa 9000 Metern befiel Herrn Gaisher eine plötzliche Übelkeit. Er konnte sich nicht mehr bewegen, auch nicht sprechen, seine Sehfähigkeit ließ nach, er blieb jedoch bei Bewußtsein.

Herr Gaisher hätte den Flug wahrscheinlich nicht überlebt, wenn Herr Coxwell nicht an den Tragseilen hochgeklettert wäre und das Ballonventil geöffnet hätte. Dadurch sank der Ballon in erträglichere Regionen hinab.

Ein Mensch mit Flügeln

Ein Witzbold hat einmal den Menschen als eine Art »Vogel ohne Federn« bezeichnet. Herr W. P. Quimby aus Wilmington wollte diesen Mangel der Natur ausgleichen, indem er an seinem Körper Flügel und eine Art Vogelschwanz befestigte.

Wir glauben kaum, daß er mit dieser Ausrüstung den Schwalben Konkurrenz machen kann und möchten ihm raten, seine Versuche nicht in allzu großer Höhe anzutreten, damit er im Falle eines Sturzes nicht allzu schwere Verletzungen davonträgt. Immerhin geben wir zu: Das Prinzip, die kräftigen Beinmuskeln zusammen mit den Armen zur Bewegung der Flügel einzusetzen, nutzt die menschliche Körperkraft sehr vorteilhaft aus. In dieser Hinsicht ist das Gerät ein sichtlicher Fortschritt im Vergleich zu anderen Modellen dieses Genres.

Der Aeroplan von Tatin

Ein Aeroplan basiert auf dem Prinzip, daß eine von Luftschrauben vorwärtsgezogene Tragfläche von der Luft getragen wird. Pénaud war der erste, der mit kleinen Flugzeugmodellen, deren Propeller durch ein aufgedrehtes Gummiband in Drehung versetzt wurde, recht gute Resultate erzielte. Leider wurde er frühzeitig von einer Krankheit dahingerafft.

Victor Tatin schreibt: »Im Gegensatz zu Pénaud probierten wir immer noch mit Maschinen herum, die den Vogelflug imitieren sollten. Bis uns dann endlich die Augen aufgingen und wir einen Weg beschritten, der sehr schnell zu befriedigenden Ergebnissen führte: Wir bauten einen kleinen Aeroplan mit einer Oberfläche von 0,7 Quadratmetern, der von zwei Propellern vorwärtsgezogen wurde. Ein nur 300 Gramm wiegender Preßluftmotor wurde aus einem 0,007 Kubikmeter fassenden Behälter mit 7 Atmosphären Druck gespeist. Alles in allem wog das Modell dann 1,7 Kilogramm.«

1879 fanden die ersten Versuche auf dem Gelände der Kaserne von Chalais-Meudon statt. Der Aeroplan wurde mit einer Leine an einem Dreifuß befestigt, der in der Mitte einer kreisförmigen hölzernen Plattform stand. Das in Betrieb gesetzte Modell erhob sich vom Boden und sogar über die Köpfe der Umstehenden, wie unser Bild zeigt. Die Geschwindigkeit betrug 0,8 Meter pro Sekunde. Das war natürlich nur ein bescheidener Anfang. Wenn man demnächst einen luftgetragenen Apparat in der richtigen Größe und mit einer Geschwindigkeit von 18 Metern pro Sekunde baut, dürfte das Flugproblem gelöst sein. Man ist jetzt dabei, neue Motoren zu entwickeln, und dann wird der Mensch endlich das machtvollste Instrument haben, das er je erfand: den Aeroplan, das Flugzeug.

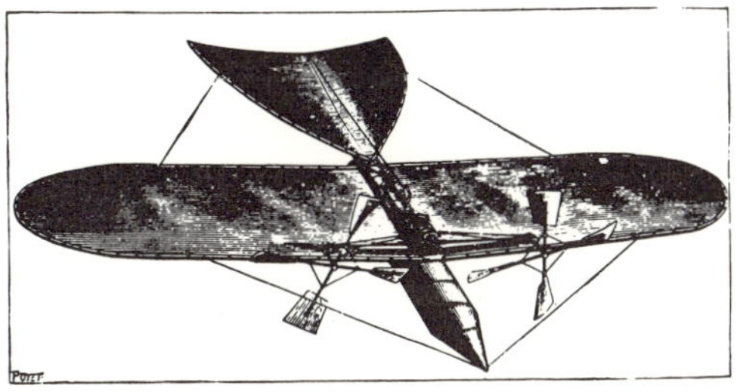

Versuche mit Tatins Flugzeugmodell in Chalais-Meudon

Ein Laboratorium 6000 Meter über der Erde

Die Naturwissenschaftler Sivel und Croce-Spinelli unternahmen einen Ballonaufstieg in 6000 Meter Höhe, um dort Messungen und wissenschaftliche Untersuchungen anzustellen. Zu diesem Zweck brachten sie in der Gondel ihres Freiballons ein komplettes Laboratorium unter. Völlig neu an ihrem Unternehmen war, daß sie sauerstoffgefüllte Ballons mitführten, um in der verdünnten Atmosphäre besser atmen zu können. So vermieden sie Zwischenfälle, wie sie vor kurzem fast zum Tode des Ballonfahrers Gaisher führten.

Professor Baranowskis neue Dampfflugmaschine

Ein Vorfahre der Rakete

Der russische Professor Baranowski hat eine mit Dampfkraft betriebene Flugmaschine entwickelt, die laut Bericht der französischen »Revue militaire« mit vollem Erfolg über St. Petersburg durch die Luft navigierte. Der Apparat hat die Form eines riesigen Vogels. Der Rumpf besteht aus einem Metallzylinder, in dem eine außerordentlich starke Dampfmaschine die Flügel auf und ab bewegt. Gleichzeitig treibt sie drei Luftschrauben an, von denen eine am Heck und zwei unter den Flügeln angebracht sind. Ein flossenähnliches Gebilde dient als Steuerruder. Die schnabelähnliche Öffnung an der Spitze sorgt dafür, daß Luft in das Rumpf-Innere fließen und Besatzung sowie Dampfmaschine mit Sauerstoff versorgen kann. Ein unter der Maschine hängendes Gewicht dient der Erhaltung des Gleichgewichtes.

Wenn sich diese Flugmaschine durch die Luft bewegt, ähnelt sie durch den Ausstoß von Dampf und Rauch einem Kometen mit leuchtendem Schweif.

Der Ballonfahrer Prince verlor am 30. November 1870 sein Leben, als er aus dem belagerten Paris zu entkommen versuchte und vom Wind auf das offene Meer getrieben wurde

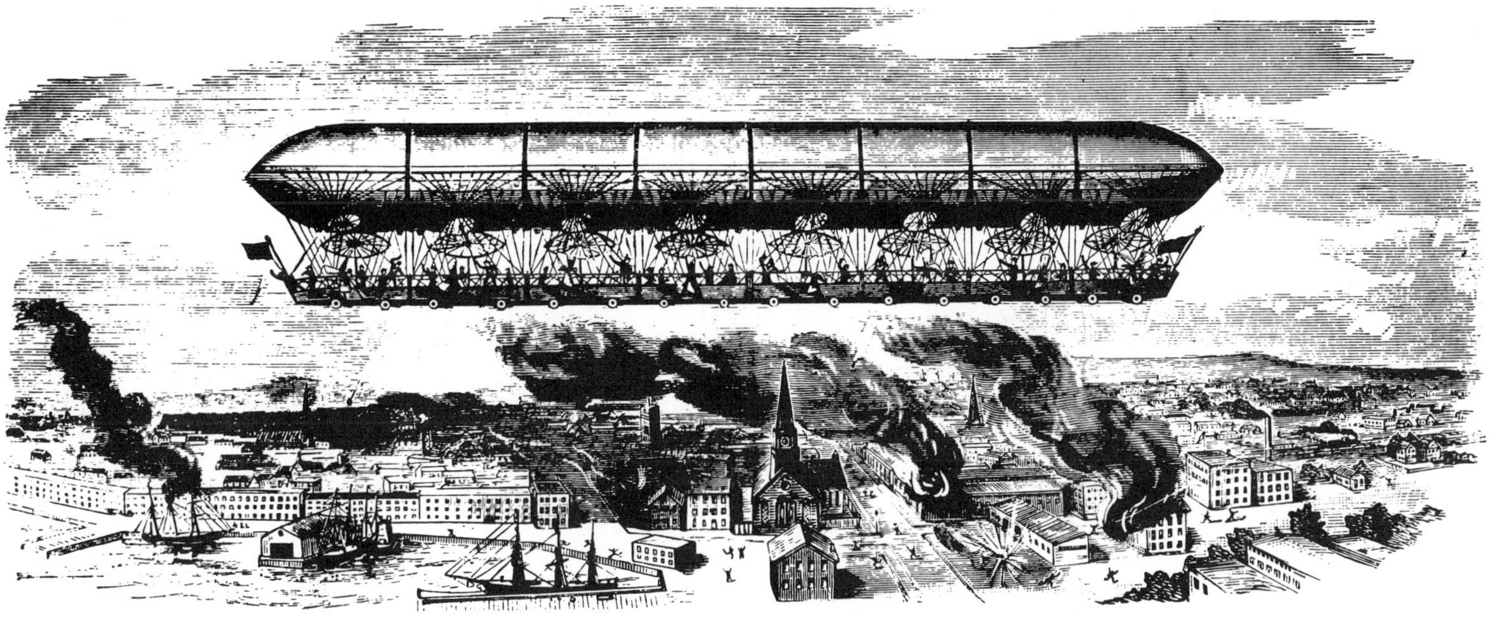

Petersens Luft-Kriegsschiff

Das fliegende Kriegsschiff

Kapitän Carl W. Petersen, der bereits 78 Patente für Verbesserungen an Luftschiffen anmeldete, hat am New Yorker Broadway sein Modell eines starren Luftschiffes vorgeführt. Es besteht aus einer Serie wasserstoffgefüllter Ballons, unter denen eine lange Gondel mit Motoren und Propellern hängt. Das Luftgefährt soll 30 bis 130 Stundenkilometer erreichen können, leicht zu manövrieren und zum Abwurf von Bomben verwendbar sein, die im Feindesland Explosionen und Brände verursachen können. Es wurde bereits eine Gesellschaft mit 100000 Dollar Kapital gegründet.

Campbells Unglücks-Ballon

Der kanadische Luftfahrer E. D. Hogan ist auf einem Flug mit dem von Campbell konstruierten Ballonschiff spurlos verschwunden. Man nimmt an, daß der Ballon geplatzt und ins Meer gestürzt ist, wobei Hogan den Tod fand. Die Konstruktion hatte 3000 Dollar gekostet. Am Heck befanden sich zwei kleine und unter der Gondel eine große mehrflügelige Luftschraube, die alle drei mit der Hand in Drehung versetzt wurden.

Die Gondel des Campbell-Ballons

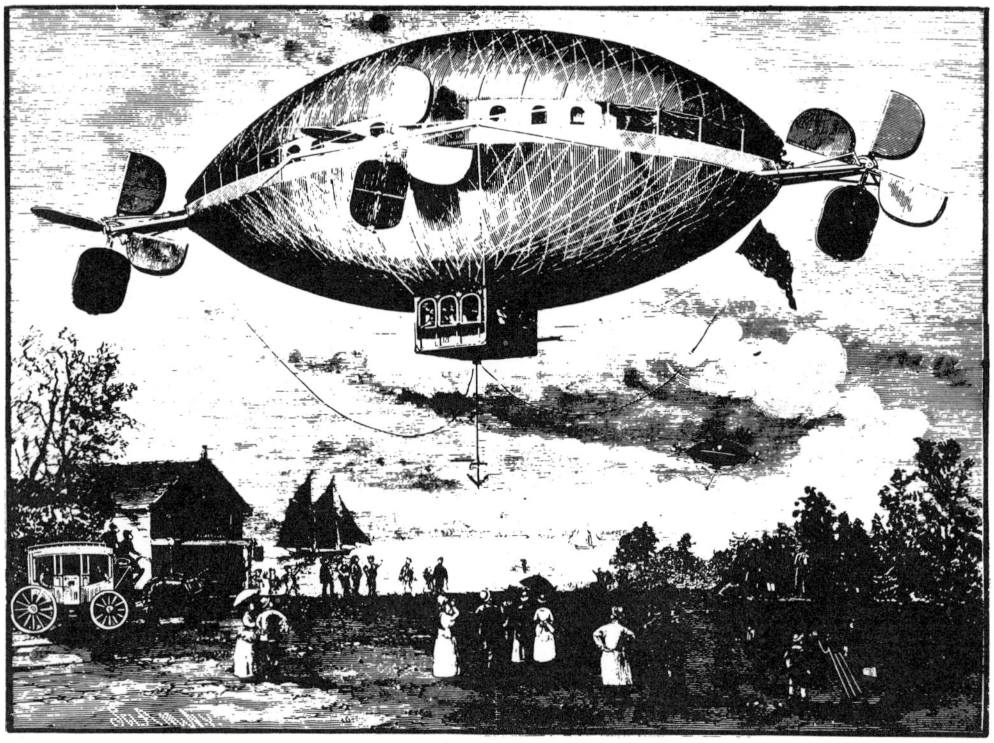

Der neue Luftschiff-Typ von Cole

Ein Passagier-Luftschiff wie aus dem Bilderbuch

Herr Moses S. Cole aus Greytown in Nikaragua hat ein lenkbares Luftschiff entworfen, das aus zwei halbkugelförmigen Ballons besteht, zwischen denen sich die Kabinen für Passagiere und Mannschaft befinden. Die Kabinen haben Fenster, die auf einen rundherum laufenden Balkon gehen. Unter dem Luftschiff hängt eine Gondel mit dem Antriebsaggregat und dem Pilotenstand. Ein besonders bemerkenswertes Charakteristikum des Luftschiffes besteht darin, daß die Flügel der vier Luftschrauben verstellbar sind, daß also der Winkel, den sie zur Achse bilden, den Luftverhältnissen angepaßt werden kann.

Die tollkühnen Flugversuche Lilienthals

Otto Lilienthal, der das Buch »Der Vogelflug als Grundlage der Fliegekunst« veröffentlichte, hat seine Theorie in die Praxis umgesetzt und ein Fluggerät konstruiert, mit dem er nach einem Anlauf von der Kuppe eines Hügels in die Luft entschwebte, kurze Zeit flog und dann im Tal landete. Sein Apparat besteht aus einem leichten, mit Leinen überzogenen Rohrgestell, das an seinen Schultern festgeschnallt ist. Lilienthal berichtet:

»Wenn man sich erst mal in der Luft befindet, ist keine Zeit mehr zum Überlegen, ob die Flügelhaltung stimmt. Man braucht einen ausgeprägten Gleichgewichtssinn und eine gewisse Praxis. Nach einigen Starts bekommt man ein Gefühl der Sicherheit. Beim Segeln durch die Lüfte findet man seine Ruhe und Selbstbeherrschung wieder. Schon nach kurzer Zeit spürt der Fliegende, daß er von der Luft sicher getragen wird, während ihn die Menschen tief unten angstvoll beobachten.«

Lilienthal machte bei einem Flug in großer Höhe mit seinem Apparat eine Wendung um 180 Grad und flog in entgegengesetzter Richtung weiter.

Pessimisten meinen immer noch, daß der Mensch niemals das Fliegen erlernen wird. Aber viele andere glauben fest daran. Die Russen behaupten sogar, daß die Kunst des Fliegens von dem russischen Wissenschaftler Tchernow durch dreißig Jahre langes, anhaltendes Nachdenken erfunden wurde.

Otto Lilienthal und sein Fluggerät in zwei typischen Positionen

Ein komplettes Haus fliegt zum Nordpol

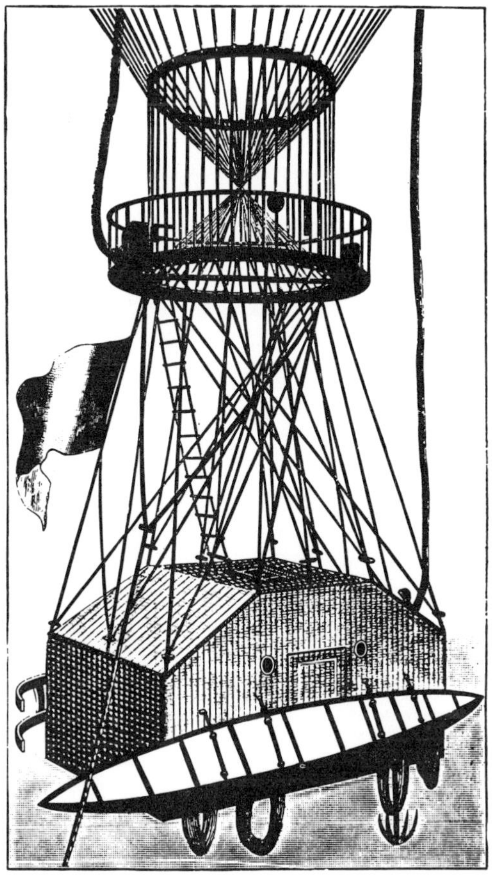

Die Hütte als Ballon-Gondel

Die Frage, ob der Nordpol aus festem Land, aus Eis oder aus offenem Meer besteht, ist immer noch Thema heißer Diskussionen. Um diese Frage zu klären, wollen der Astronom Besancon und der junge Luftschiffer Hermite versuchen, den Nordpol mit einem Ballon zu erreichen.

Das Luftschiff hat einen Durchmesser von 30 Metern und eine Tragfähigkeit von zirka 17,5 Tonnen. Dadurch ist es möglich, eine solide gezimmerte Holzhütte mit fünf Mann Besatzung durch die Luft zu tragen. Im Mittelteil der Hütte befindet sich der Aufenthaltsraum mit Instrumenten, Tisch, bequemen Stühlen und Betten. In den Nebenräumen sind die Schlittenhunde untergebracht und eine modern eingerichtete Dunkelkammer zum Entwickeln der Luftaufnahmen. Eine Strickleiter führt hinauf zu einer Galerie, von der aus man einen freien Blick in alle Himmelsrichtungen hat. Proviant für die wahrscheinlich mehrwöchige Expedition befindet sich im Kielraum der Hütte, an der außen die Hundeschlitten und für alle Fälle auch ein Boot befestigt sind.

Totalansicht des Pol-Ballons

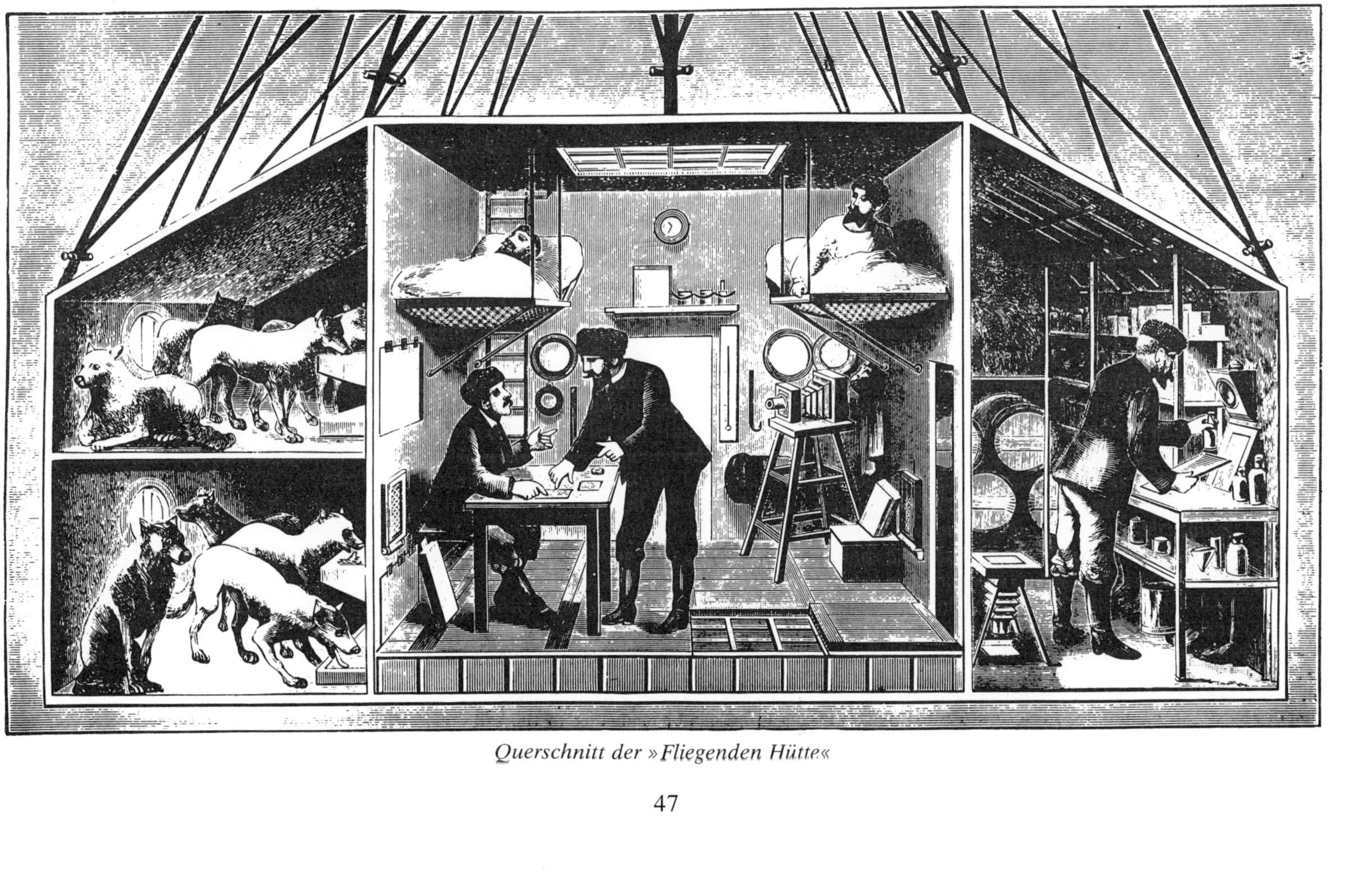

Querschnitt der »Fliegenden Hütte«

Penningtons Luftschiff

Obgleich immer wieder neue Luftschiff-Projekte auftauchen, lassen doch nur ganz wenige darauf hoffen, daß sie die gestellten Anforderungen erfüllen.

Wir zeigen (rechts) das von dem Amerikaner E. J. Pennington entworfene Luftschiff, mit dem er einen Passagierdienst zwischen New York und Chikago einzurichten beabsichtigt. Das Luftfahrzeug soll von einem großen Heckpropeller angetrieben werden, während vier kleinere, horizontal wirkende Luftschrauben den Auf- und Abstieg bewerkstelligen. Die Gondel bietet Platz für 20 bis 30 Passagiere, denen große Fenster einen herrlichen Ausblick ermöglichen. Ein großes Segel soll den Flug beschleunigen.

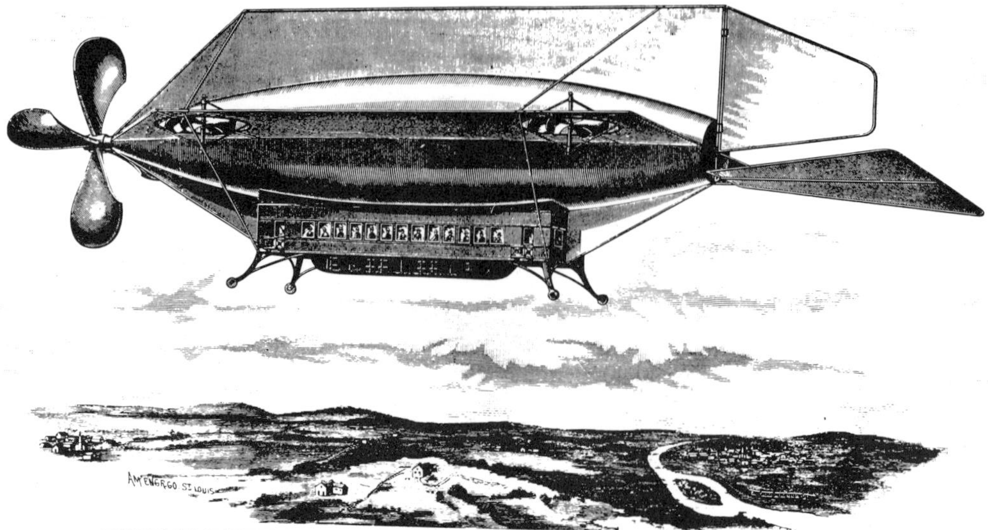

Penningtons Passagier-Luftschiff

Der Schleppdrachen Thayers

Luftreise im Schlepp-Drachen

Herr David Thayer aus Boston (USA) hat sich einen riesigen Drachen ausgedacht, an dessen Seilen eine mit Passagieren besetzte Gondel mittels eines Segels hochgetrieben werden soll, etwa so, wie man ein gefaltetes Stück Papier an einer Drachenschnur hochsausen läßt. Der Drachen wird durch drei Ballons in der Luft gehalten und kann auf hoher See ein Floß oder ein Schiff hinter sich herschleppen. Der Drachen könnte schwere Wagen oder Schlitten über das Festland ziehen. Das wäre eine sehr billige Möglichkeit des Waren-Transportes.

Herr Thayer entwarf auch das auf der gegenüberliegenden Seite dargestellte »Fahr-Luftschiff«. Es rollt auf Rädern an Kabeln entlang, die über Masten oder Pylone laufen. Das Luftschiff wird von einem Elektromotor angetrieben, der seine Energie über die Kabel aus einem am Boden stehenden Generator bezieht (Mittleres Bild). Der Vorteil dieses Verkehrsmittels besteht darin, daß man auch Flüsse leicht überqueren kann. Die Materialkosten sind weit niedriger als bei einem normalen Eisenbahnzug.

Thayers lenkbarer Ballon auf Kabeln

Die Versuchsfahrten einer Dampfkraft-Flugmaschine auf Schienen

Die Startbahn von Maxims Flugmaschine

Am Dienstag, dem 31. Juli 1894, hob zum ersten Male in der Geschichte der Menschheit eine Flugmaschine einwandfrei vom Boden ab, mit Motoren, einem Dampfkessel, Brennstoff, Wasser und einer Besatzung von drei Mann. Herr Hiram Maxim, der Konstrukteur, konnte mit Recht stolz sein auf einen Erfolg, den viele erfahrene Techniker für unmöglich gehalten hatten.

Die Flugmaschine von Maxim besteht aus einem kreuz und quer mit Rohren und Stahldrähten verstrebten Gerüst und einer Kommandobrücke, auf der auch der Heizkessel und die Wasservorräte untergebracht sind. Ungefähr drei Meter über dieser Brücke befinden sich die beiden Motoren, von denen jeder einen Propeller von fünfeinhalb Metern Durchmesser antreibt. Bei einer Länge von 32 und einer Breite von 38 Metern hat die Maschine fünf feste Tragflächen und zusätzlich zwei bewegliche, die zur Lenkung dienen.

Ein Reporter der Zeitung »Pall Mall Budget«, der an dem ersten Flug in der Nähe von London teilnahm, gab folgenden Bericht:

Rückansicht der Flugmaschine

»Es begann mit einem lauten Pfeifen, das in krachende Geräusche überging, als der Motor in Gang gesetzt wurde. Dann begann die Backbord-Luftschraube sich mit schnell zunehmendem Geknatter zu drehen. Irgend jemand schrie »Achtung!« Wenige Sekunden später knatterte die Steuerbord-Luftschraube ebenfalls los, die Kommandobrücke, auf der wir standen, vibrierte heftig. Wie bei einem Sturm legte das Gras sich flach,

und die Hobelspäne der zwanzig Meter entfernten Werkstätten wirbelten durch die Luft.

Als der von den Propellern erzeugte Tornado seinen Höhepunkt erreicht hatte und die Maschine stampfend an ihrer Verankerung riß, kommandierte eine gellende Stimme: »Los!« – und das Riesengerüst schoß auf den Schienen über den Rasen vorwärts, wobei es eine Geschwindigkeit von mehr als 60 Stundenkilometern erreichte.

Aber als es am Ende der Schienen ankam, gab es eine Schrecksekunde: Außer einer Hecke konnte nichts mehr unsere Fahrt aufhalten. Ein über unsere Fahrbahn gespanntes Brems-Seil wurde zerfetzt, ein zweites ebenfalls. Aber dann schwebten wir plötzlich so leicht, wie man es sich nur vorstellen kann, wenige Meter über dem Boden. Wir mußten alle lachen. Es war ein Glücksgefühl, das alle Kindheitserinnerungen wie Schiffschaukeln, Achter- oder Rutschbahnen weit hinter sich ließ. Es war ein unvergleichlicher Eindruck.«

Leider konnte Herr Maxim den Triumph des ersten Motorfluges nicht voll auskosten, weil die Maschine weiter flog als man gedacht hatte und deshalb an einigen Holzpfählen zerschellte, ohne daß Personen zu Schaden kamen. Aber der Beweis, daß eine solche Maschine fliegen kann, war erbracht.

Eine ganz ungewöhnliche Hängebrücke

Gerade zu einem Zeitpunkt, an dem man der Öffentlichkeit Pläne unterbreitet, wie man die Insel Manhattan durch eine riesige Hängebrücke mit dem Stadtteil Brooklyn verbinden könnte, legt Herr J. W. Morse den Plan einer Brücke vor, die viel leichter und folglich viel billiger ist als eine herkömmliche Hängebrücke. Das Projekt des Herrn Morse sieht vor, den Verkehr von Ufer zu Ufer mit einer großen Plattform zu bewältigen, die mit langen Drahtseilen an Laufkatzen hängt (s. Bild oben).

Die 30 Meter lange und 12 Meter breite Plattform hat zwei Etagen: oben für die Fußgänger, unten für Fahrzeuge und Pferde. Pro Fahrt könnte man so rund 5000 Passagiere transportieren und in Straßenhöhe absetzen. Die Tragekabel überspannen den Fluß in einer Höhe von 45 Metern, damit Schiffe jeder Größe darunter hindurchfahren können. Die Überfahrt dauert etwa zwei Minuten und wäre notfalls auch in einer Minute zu schaffen. Die Zeit des Be- und Entladens abgerechnet, könnten innerhalb von 12 Stunden 75000 Menschen und rund 6000 Wagen mit Pferden von einem Ufer zum anderen gebracht werden.

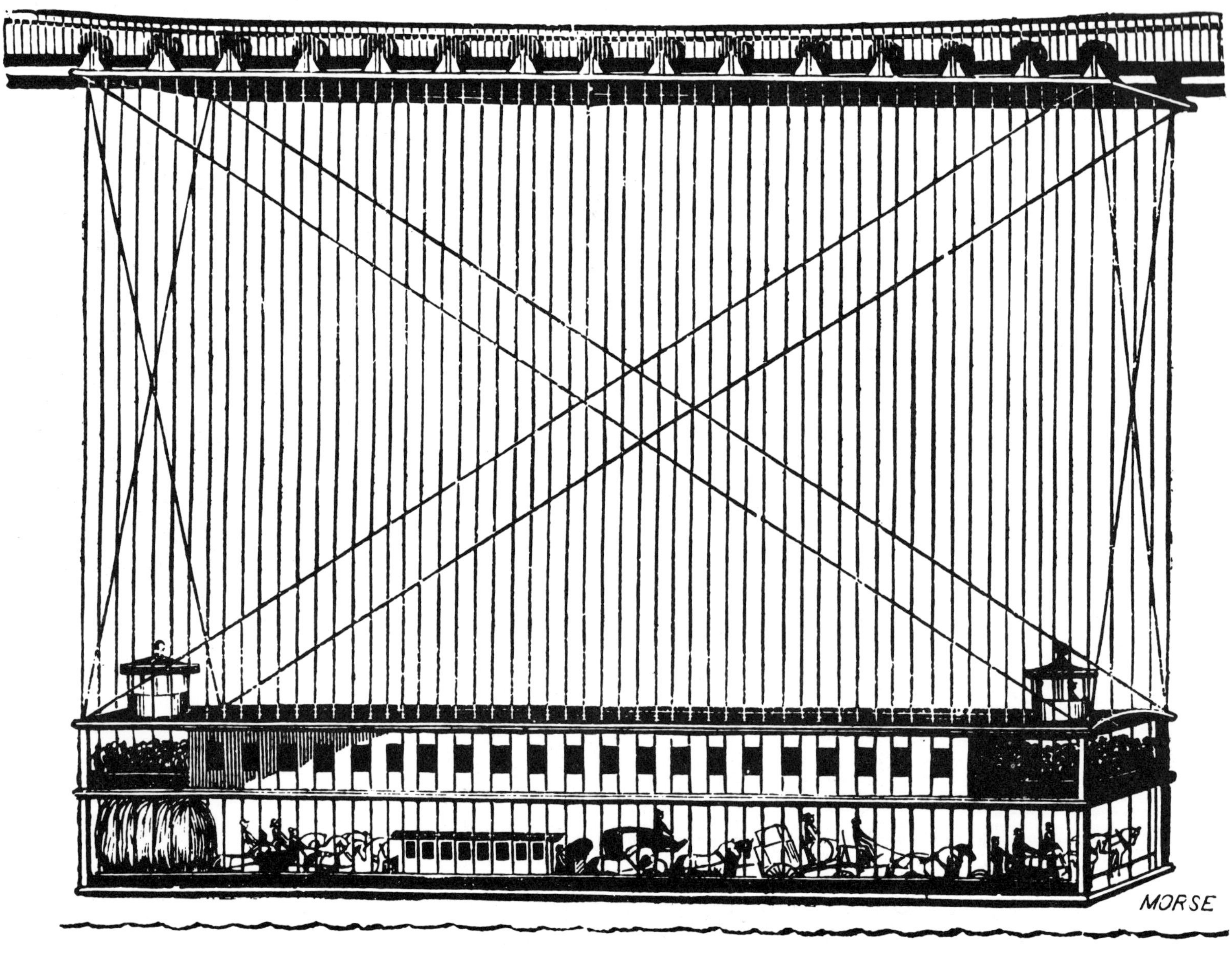

Der Tunnel durch den Mont Cenis

Wenn man einmal vom Suez-Kanal absieht, ist der Tunnel durch den Mont Cenis sicher das weitaus größte und kühnste technische Projekt unserer Zeit. Wenn der Tunnel eines Tages fertiggestellt sein wird, können die französischen und italienischen Eisenbahnlinien miteinander verbunden werden. Dadurch würde über eine Distanz von 2300 Kilometern eine direkte Verbindung von Calais bis Brindisi entstehen. Die Zeit, die man für eine Reise von England in den Fernen Osten benötigt, wird durch den Mont-Cenis-Tunnel und den Suez-Kanal auf die Hälfte reduziert.

Unser Bild rechts zeigt die gewaltige Bohrmaschine, die zum Bohren des 13 Kilometer langen Tunnels benutzt wird. Die Maschinerie wird mit Preßluft betrieben, die von Wasserturbinen komprimiert und dann durch Rohrleitungen aus Hartgummi oder auch Metall an die Bohrstelle herangeführt wird. Wasserkraft zum Betreiben der Turbinen ist in der Tunnelumgebung in Form von wild herabrauschenden Sturzbächen reichlich vorhanden. Die Bohrmaschine ist auf Räder mit Doppelfelgen montiert und bewegt sich auf Schienen vorwärts.

Für ein anderes, noch größeres Tunnelprojekt, nämlich einen Tunnel zwischen Dover und Calais, wurde bereits eine Spezialmaschine entworfen. Wir sehen sie auf dem unteren Bild. Aber dieses Projekt liegt noch in weiter Ferne, da die Engländer anscheinend immer noch befürchten, daß feindliche Truppen diesen Tunnel zu einer Invasion der Insel benutzen könnten.

Die Preßluftbohrmaschine im Mont-Cenis-Tunnel

Totalansicht der Bohrmaschine von Brunton, mit der man einen Tunnel zwischen England und Frankreich graben will

Die Hängebrücke von Brooklyn

Am 25. August 1876 überquert Bauleiter Farrington als erster den Luftraum zwischen den beiden Pfeilern der Brooklyn-Brücke

Den Fünf-Millionen-Dollar-Auftrag, eine Hängebrücke zwischen Manhattan und Brooklyn zu bauen, bekam der bekannte Ingenieur John A. Roebling. Das Mittelstück der Brücke, 585 Meter lang, soll in 40 Meter Höhe an zwei Pfeilern hängen und damit die größte Hängebrücke der Welt sein.

Leider konnte John A. Roebling den Grundstein des gewaltigen Bauwerks nicht selber legen, weil er schon bei den Vorarbeiten tödlich verunglückte. Man fand einen würdigen Nachfolger in Gestalt seines Sohnes Washington A. Roebling, aber auch der erlebte die Fertigstellung der Brücke nicht: 1871 zog er sich in den Druckluftkammern, in denen unter Wasser gearbeitet wurde, eine Krankheit zu. Obgleich teilweise gelähmt, leitete Roebling die Arbeiten vom Krankenbett aus weiter. Dabei unterstützte ihn seine Frau, die sich inzwischen die nötigen technischen Kenntnisse angeeignet hatte. Nach dem Tode ihres Mannes trat die bemerkenswerte Frau seine Nachfolge an und leitete den Bau bis zur Fertigstellung.

Am 14. August 1876 signalisierte ein Schuß den schicksalhaften Augenblick, in dem das mit Dampfkraft hochgezogene Drahtseil die erste Verbindung zwischen Brooklyn und Manhattan herstellte. Am 25. August überquerte der Bauleiter des Projektes, Herr Farrington, als erster den Luftraum zwischen den Pfeilern, und zwar so, wie es unsere Illustration zeigt. Für die weiter weg stehenden Zuschauer war das Kabel nicht sichtbar, und sie zerbrachen sich den Kopf, wie dieser Luftfahrer ganz neuen Stils sich wohl durch die Lüfte bewegen mochte. Die begeisterte Bevölkerung der beiden Stadtteile machte diese Überquerung zu einem wahren Triumph.

Von diesem Zeitpunkt an mußten die Arbeiter, die bis dahin wie die Fische unter der Wasseroberfläche tätig waren, wie die Vögel hoch in den Lüften leben. Auf Schwebebühnen rutschten sie an den Trossen entlang, 60 bis 90 Meter über dem Wasser, und zogen die Stahldrähte ein. Die an den Stahlkabeln aufgehängte Brücke wiegt ca. 7000 Tonnen, die maximale Verkehrsbelastung liegt bei 1375 Tonnen. Jedes Kabel wiegt allein 763 Tonnen. Die Gesamtkosten der Brücke beliefen sich schließlich auf mehr als 15 Millionen Dollar.

Die Ehre, als erste die Brücke zu überschreiten, wurde Frau Roebling zuteil, der Witwe des Chefingenieurs. Als Nachfolgerin ihres Mannes hatte sie das Bauwerk vollendet, ein Bauwerk, das die Amerikaner mit Recht eins der Wunder des 19. Jahrhunderts nennen. Die Ehrung der begabten und mutigen Frau Roebling widerlegt den alten Aberglauben, daß auf einer Brücke, über die als erster Mensch eine Frau geht, ein Fluch liegt.

Beim Bau der Brooklyn-Brücke: Die Tragseile werden umflochten

Der stets horizontale Schiffs-Salon

Wie unsere Querschnitt-Darstellung deutlich zeigt, hält sich der Bessemer-Schiffs-Salon stets in der Waagerechten, ganz gleich, wie stark das Schiff sich bewegt. Dieses revolutionäre Prinzip ist eine gemeinsame Erfindung der Herren H. Bessemer und R. J. Reed.

Es ist wohl der raffinierteste Salon, der jemals für ein Schiff entworfen wurde. Seine große Grundfläche und Höhe erlauben eine totale Ventilation, ganz im Gegensatz zu den einfachen Zwischendeckkabinen, die für Damen und sensible Menschen so unangenehm sind, daß diese selbst bei schlechtestem Wetter lieber auf Deck verweilen. Aber der größte Vorzug des Salons ist der, daß er dank der hydraulischen Bessemer-Nivelliermaschinerie unbeweglich bleibt, so sehr das Schiff auch schlingern oder schaukeln mag. Herr Bessemer hat versichert, daß die Passagiere dieses Schiffes von Seekrankheit verschont bleiben werden. Die hydraulische Maschine des Herrn Bessemer existiert bereits, wenn sie auch bisher noch in kein Schiff eingebaut wurde.

Unser Zukunftsbild zeigt das Wohlbefinden der Passagiere im Salon und das bekannte Unwohlsein der Leute an Deck. *(1874)*

Schluß mit der Seekrankheit

Gegen die Seekrankheit wurden schon die verschiedensten Mittelchen empfohlen, darunter auch ein prophylaktisches: zu Hause bleiben. Aber das läßt sich nicht immer durchhalten. Der Erfinder des hier gezeigten Schiffskabinen-Modells will allen denen helfen, die unter Seekrankheit leiden. Die Erfindung sieht vor, daß in der Kabine eine Halbkugel in nach allen Seiten beweglichen Gelenken aufgehängt wird. Die Halbkugel ist mit einer rundum laufenden Liegestatt ausgerüstet, die bei allen Schiffsbewegungen stets in der Horizontalen bleibt.

Kabinen-Einrichtung gegen die Seekrankheit

Das Brandungsboot

Herr Richard H. Tucker ließ sich ein Boot zum Überwinden von Brandungswellen patentieren. Das Fahrzeug ist kreisrund, Deck und Schiffsboden sind konvex geformt. Der Innenraum ist mit Preßluft gefüllt, die durch Öffnungen im Heck ausgestoßen wird und dadurch das Boot vorwärts treibt.

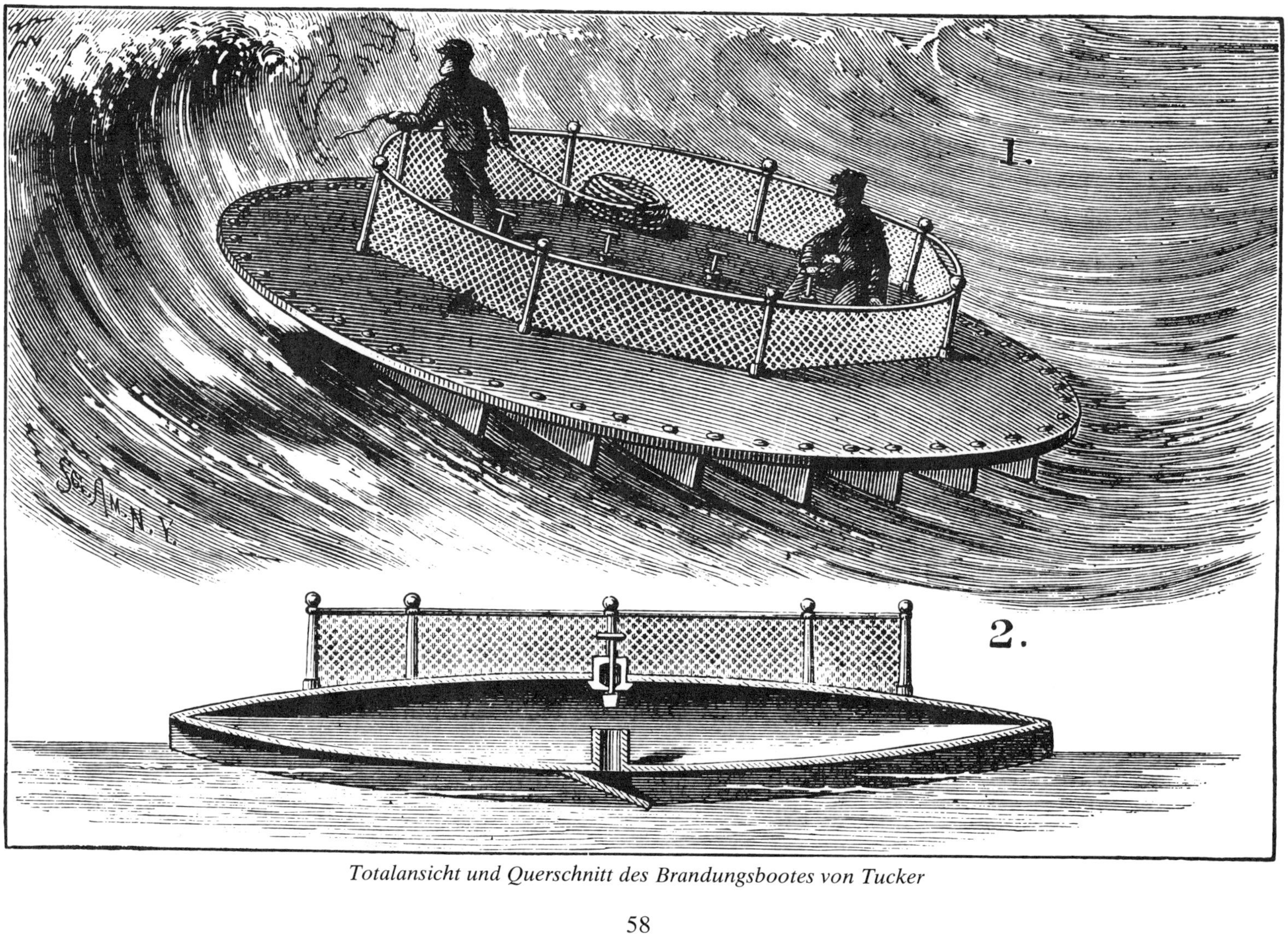

Totalansicht und Querschnitt des Brandungsbootes von Tucker

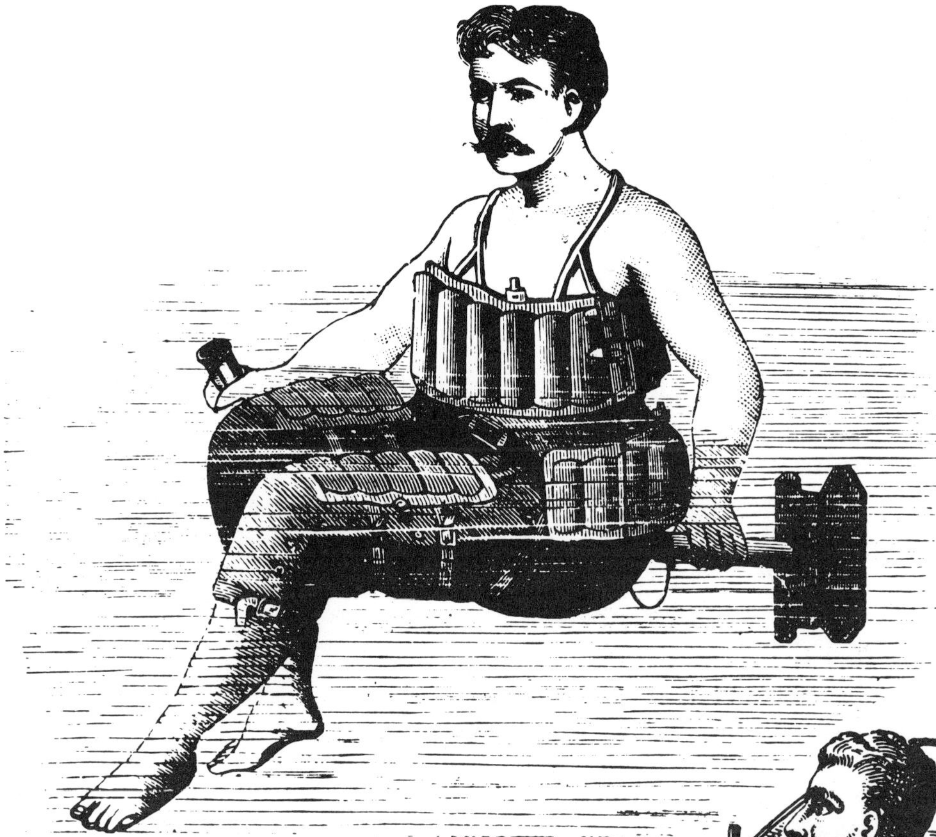

Der unsinkbare Schwimmer

Herr A. Gamonet aus Lyon (Frankreich) hat ein praktisches Gerät für Nichtschwimmer erfunden. Der Badende bewegt mit dem rechten Arm einen Hebel hin und her, der eine rückwärtig angebrachte Antriebseinrichtung in Bewegung setzt. Luftgefüllte Gummibeutel an Brust und Beinen dienen als Schwimmgürtel.

Der garantiert sichere Rettungsanzug

Herr Traugott Beek aus Newark in New Jersey hat einen Rettungsanzug erfunden, dessen Oberteil aus einem großen Rettungsring besteht, in dem der Benutzer Kopf und Arme frei bewegen kann. In der »Jacke« des Anzuges kann man Mundvorräte und Wasser für einen Monat unterbringen.

Bei hochgehender See kann das Verdeck geschlossen werden, die Sicht wird durch ein Fenster ermöglicht und das Luftholen durch ein gebogenes Röhrchen. Der Rettungsanzug ist aus wasserdichtem, mit Metallringen verstärktem Leinen. Die Hosen und Schuhe aus Kautschuk sind ebenfalls mit Metallringen verstärkt. Sie schützen den Schiffbrüchigen vor Raubfischen und vor Verletzungen an scharfen Felsen.

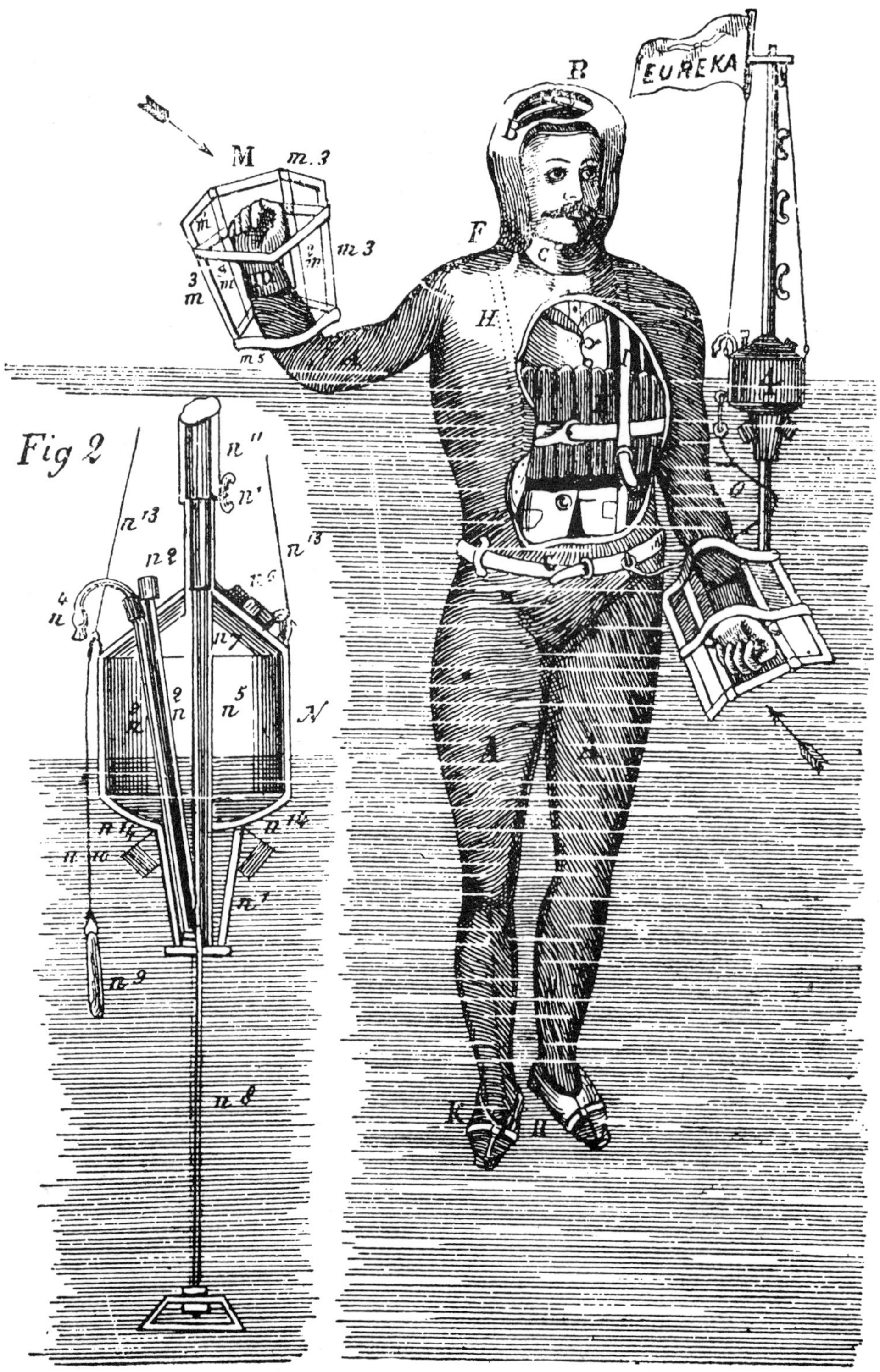

Das Überleben unter Wasser

Am Hudson wurde kürzlich ein neuer Rettungsapparat vorgeführt, mit dem ein Schiffbrüchiger mehrere Tage lang aufrecht stehend im Meer treiben kann, durch einen Kautschukanzug mit eingearbeiteter Schwimmweste gegen Kälte und Feuchtigkeit geschützt. Ein Schwimmkörper (s. Querschnitt links) enthält Trinkwasser, Proviant, Lektüre, Zigarren, Pfeife und Tabak sowie Signalraketen. An den Händen trägt der Schiffbrüchige Flossen aus Kautschuk, mit deren Hilfe er sich fortbewegen kann. Am Schwimmkörper befindet sich ein kleiner Mast mit einer Lampe, um etwaigen Hilfsschiffen den Standort anzuzeigen. Die praktische Vorführung dieser Ausrüstung im Wasser des Hudson war ein großer Erfolg. Der Erfinder, Herr Kapitän Stoner, wurde von allen Anwesenden herzlich beglückwünscht.

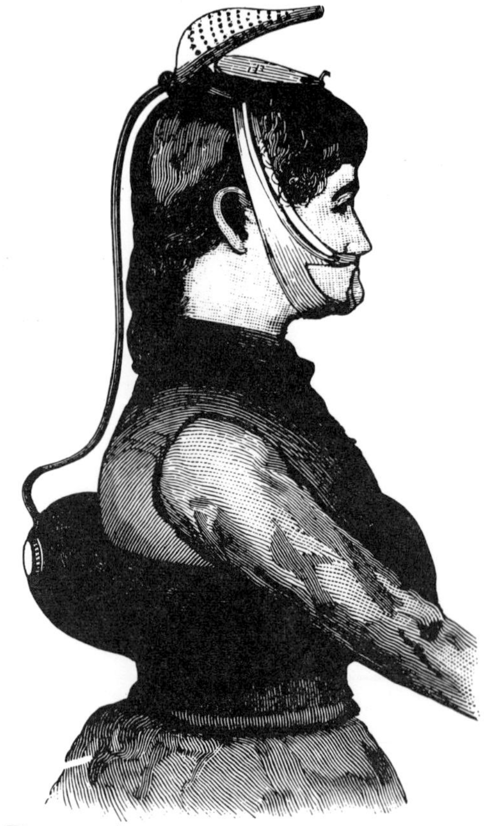

Ein verbessertes Rettungsgerät. Der Schwimmring kann im Falle nachlassenden Druckes über eine zum Mund führende Leitung neu aufgeblasen werden

Goubets Unterseeboot

Das Unterseeboot des Pariser Ingenieurs Goubet wird von einem Elektromotor angetrieben. Das luftdicht verschlossene Boot taucht, wenn man Wasser in die Bodentanks einfließen läßt, und es steigt wieder an die Oberfläche, wenn das Wasser herausgepumpt wird. Die Schiffsschraube kann im Notfall auch mit der Hand betrieben werden. Die tellerförmige Platte auf dem Deck des Bootes dient zum Tragen einer hochexplosiven Seemine, die unter feindlichen Schiffen abgesetzt werden kann. Unter dem Kiel befindet sich eine schwere Bleiplatte, die durch einen Hebelzug gelöst werden kann, damit das U-Boot auch beim Nichtfunktionieren der Pumpen wieder an die Wasseroberfläche steigt.

Die russische Marine hat nach zwölfmonatiger Erprobung eine Serie dieser U-Boote in Auftrag gegeben.

Die von Herrn Cumberford erfundene Rettungskappe für Schiffbrüchige

Das von der russischen Marine bei Herrn Goubet bestellte Unterseeboot

Eine kühne Raddampfer-Konstruktion

Am 20. November 1895 veröffentlichte die Zeitschrift »Call« in San Franzisco einen Artikel mit der Überschrift: »Ein Schiff, das übers Wasser rollt.« Das Schiff soll so schnell sein wie der schnellste Eisenbahnzug.

Herr Chapman beschreibt seine Erfindung folgendermaßen: »Kommandobrücke und Kabinen sind zwischen zwei riesigen Schaufelrädern angebracht. Im Inneren der Schaufelräder fährt auf Schienen eine Elektrolokomotive und versetzt sie in Drehung. Die Spitzengeschwindigkeit wird nur wenig unter Schnellzugtempo liegen. Man könnte den Atlantik also in drei Tagen überqueren, und das, ohne seekrank zu werden.«

Ein Schiff auf acht Rädern

Auf der Werft von St. Denis (Frankreich) ist man dabei, nach den Plänen eines Herrn Bazin einen ganz neuen Typ von Raddampfer zu bauen. Er besteht aus einer riesigen, vorne spitz zulaufenden Plattform, die von großen Hohlrädern getragen wird und 6 Meter über dem Wasserspiegel liegt. Von zwei Heckschrauben angetrieben, kann das Schiff sich mit einem Minimum an Wasserwiderstand vorwärts bewegen. Die Maschinen, die Passagierkabinen und die Service-Einrichtungen befinden sich oben auf der Plattform. Herr Bazin hat ein neues hydraulisches Steuer konstruiert, bei dem ein Hochdruck-Wasserstrahl aus einem schwenkbaren Rohr am Heck ausgestoßen wird.

Der von Herrn Bazin entworfene Raddampfer

Ein Vorschlag zum Elektro-Antrieb von Binnenschiffen

Die hier gezeigte Position eines Schwimmers ist die sicherste, um sich ohne irgendwelche Hilfsmittel an der Wasseroberfläche zu halten

Die Explosion eines Bootsmotors am 16. Dezember 1886 in Asnières, bei der Juste Buisson und sein junger Assistent ihr Leben verloren

Die Forth-Brücke im Bau

Die Eisenbahnbrücke über den Firth of Forth

Die Brücke über den Firth of Forth, in Auftrag gegeben von der North British Railway Company, wird in diesem Herbst fertig sein. Sie wurde in fünfjähriger Arbeit von Sir John Fowler und Mister Benjamin Baker erbaut. Sie ruht auf drei Pfeilern, die ein gewaltiges Gerippe aus Stahlträgern abstützen. Unsere Bilder zeigen die gigantischen Ausmaße des Bauwerks besser, als Worte es vermögen.

Bau des südlichen Pfeilers der Forth-Brücke, gezeichnet am 15. April 1887

Ein Tunnel unter dem Flußbett

Unsere Abbildung zeigt einen ganz neuen Tunneltyp, der speziell zur Unterführung des Hudson und des East River entworfen wurde. Das neue daran ist, daß der Tunnel unterhalb des Flußbodens versenkt werden soll. Es wird vorgeschlagen, Stahlrohre von ungefähr 6 Meter Durchmesser in einem Graben zu versenken, der vorher durch Bagger oder andere Hilfsmittel quer durch den Fluß geschaufelt wird. Die Stahlrohre werden alle zwei Meter durch solide Reifen verstärkt. Wenn das Rohr im Graben liegt, wird er mit Steinen zugeschüttet und betoniert. Zur größeren Sicherheit können in gleichmäßigem Abstand zwei Pfeiler aufgesetzt werden, damit der Tunnel sich nicht verschieben kann.

Diese hydraulische Maschine wurde benutzt, um den Tunnel unter dem Saint-Clair-Fluß zu bohren

Die Turm-Idee des Herrn Gustave Eiffel

Der französische Ingenieur Gustave Eiffel will in Paris einen Turm von 300 Meter Höhe bauen, der den Besuchern der kommenden Weltausstellung einen Gesamt-Überblick ermöglichen soll.

Bis jetzt ist der Kölner Dom mit 160 Metern das höchste Bauwerk der Welt. Um noch höher zu bauen, muß man Stahl verwenden. Stahl ist das einzige Material, das dem enormen vertikalen Druck eines solchen Kolosses und starkem Wind standhalten kann.

Auf der Turmspitze soll eine gläserne Aussichtskuppel den Besuchern einen einzigartigen Panoramablick bieten. Vier Aufzüge in den Pfeilern werden die Gäste sicher nach oben bringen. Ein meteorologisches und astronomisches Observatorium sollen ebenfalls dort oben untergebracht werden. Eiffel will an der Spitze auch noch riesige Scheinwerfer montieren, die weithin für Illumination sorgen.

Wir bewundern den Unternehmungsgeist dieses Franzosen und erwarten mit Ungeduld die Verwirklichung des kühnen Planes.

Ausrichten eines Eiffelturm-Pfeilers mit einem hydraulischen Hebegerät.

Der Eiffelturm ist fertig!

Er wurde fertig trotz des Entrüstungssturmes und einer von vielen berühmten Franzosen unterzeichneten Petition, den Bau zu unterlassen. Es wurde dagegen protestiert, daß eine Nation, die das Banner von Zivilisation und Lebensart stets hochgehalten hatte, sich nun selber eine Backpfeife mitten ins Gesicht gibt, indem sie ein Monument errichtet, das nur einen Reklamewert hat. Eine Konstruktion, die alle Meisterwerke der Architektur, auf die Paris mit Recht stolz ist, an die Wand drückt.

Wie dem auch sei, der von Gustave Eiffel erdachte Turm erhebt sich nun stolz über dem Champs-de-Mars von Paris.

Eiffel baute den Turm, ohne Gerüste zu benutzen. Vom Fundament an wurden die Stahlträger Stück für Stück aneinandermontiert, bis sie sich im Mittelpunkt trafen. An den Berechnungen und Planzeichnungen des Projekts arbeitete ein Stab von vierzig Fachleuten.

Bis zur Höhe von 30 Metern machte die Konstruktion keine Schwierigkeiten, weil ein entsprechend hoher Kran zur Verfügung stand. In größerer Höhe mußten jedoch Schwenkkräne montiert werden, von denen jeder 12 Tonnen wog. In 60 Meter Höhe wurde die erste Plattform auf die vier Grundpfeiler gelegt. Von dort wurden die weiteren

Der Eiffelturm im Bau

Querschnitt eines Eiffelturm-Personenaufzugs

Stahlträger mit Dampfkränen hochgezogen. In 100 Meter Höhe wurde dann die zweite Plattform errichtet. Dabei stellte sich heraus, daß zwei der vier Hauptpfeiler kürzer waren als die anderen – und zwar genau um 6 Millimeter. Das beweist, mit welcher Genauigkeit hier gebaut wurde.

Am 30. März 1889, zwei Jahre nach Arbeitsbeginn, war der Turm fertig und wurde am nächsten Tage festlich eingeweiht.

Auf der obersten Plattform mit 15 Metern Seitenlänge befindet sich eine Galerie, die 800 Personen aufnehmen kann. Darüber gibt es noch eine weitere Etage, zu der das Publikum keinen Zutritt hat: die wissenschaftlichen Observatorien.

Die Besucher werden mit drei verschiedenen Aufzugtypen zur obersten Plattform gebracht: Ein Aufzug der Firma Combaluzier, dessen Kabine 100 Personen faßt, steigt mit hydraulischer Kraft in einer Minute bis zur ersten Plattform. Von dort verkehren zur zweiten Plattform Aufzüge vom Fabrikat Otis, die allerdings nur 50 Personen tragen können, aber doppelt so schnell hochfahren. Schließlich bringt ein Edoux-Aufzug die Besucher in zwei Etappen zur Galerie auf der Turmspitze. Das für den hydraulischen Antrieb aller drei Aufzüge nötige Wasser befindet sich in einem Tank in 300 Meter Höhe. Es wird von einer 300 PS starken Dampfmaschine hinaufgepumpt.

Es gibt Leute, die daran zweifeln, ob sich der Eiffelturm jemals amortisieren wird. In unserer zweiten Hälfte des 19. Jahrhunderts fragen die Leute immer wieder nach dem praktischen Wert oder den finanziellen Vorteilen irgendwelcher technischer Vorhaben. Sie geben sich nicht zufrieden mit dem enthusiastischen Kommentar eines Ingenieurs: »Aber mein Herr, hier handelt es sich um ein Meisterwerk ohnegleichen!«

Lassen wir die Finanzkommission der Weltausstellung, die 450000 Pfund Sterling für den Eiffelturm zur Verfügung stellte, hinter ihrem Geld herweinen. Wir werden weiter das Genie eines Mannes bewundern, der die technischen Probleme eines solchen Bauwerks so glänzend löste. Und wir können mit Sicherheit erwarten, daß der Schöpfer einer solchen technischen Glanzleistung uns im Laufe seiner weiteren Tätigkeit noch viele Konstruktionen in Stahl und Eisen bescheren wird, die auch einen praktischen Wert haben.

Amiots Treppensteige-Maschine

Der Franzose Amiot hat ein Gerät erdacht, das ihm die Mühe des Treppensteigens erspart. Das Gerät kann überall da angebracht werden, wo ein Aufzug zu platzraubend oder zu teuer wäre. Die Erfindung ist eine Wohltat für Leute mit schwachen Beinen. Sie besteht aus zwei Metallschienen, an denen mit Rollen eine kleines Trittbrett entlang läuft, das von einem Elektromotor an einem kräftigen Draht hochgezogen wird.

Der Treppensteigeapparat von Amiot

Aufwärts mit der elektrischen Rolltreppe! Bequemer geht es nicht…

Auf der Pariser Weltausstellung wurde eine elektrisch betriebene Rolltreppe installiert, die sich großen Zuspruchs erfreut. Gegen eine bescheidene Gebühr von 10 Centimes fährt man bequem in die oberen Stockwerke.

Die Rolltreppe der Pariser Weltausstellung 1900

Der erste hydraulische Fahrstuhl

Der französische Ingenieur Léo Edoux hat einen Personen-Lift konstruiert, der mit hydraulischer Kraft auf- und abbewegt wird. Die Kabine sitzt auf einem langen Stahlkolben. Man kann mit diesem Fahrstuhl allerdings nur bis zu einer Höhe fahren, die der Tiefe des Loches im Keller entspricht.

Eine Granate mit Salon für Freunde des starken Nervenkitzels

Herr Carron, Ingenieur in Grenoble (Frankreich), hatte eine Idee, die Liebhaber starker Emotionen begeistern wird. Er will Wagemutige einen freien Fall aus 300 Metern Höhe erleben und überleben lassen.

Die Möglichkeit dazu bietet der genau 300 Meter hohe Eiffelturm. Nach den Berechnungen des Herrn Carron wird die Endgeschwindigkeit bei diesem freien Fall 275 Stundenkilometer betragen.

Der Erfinder hat eine Art Granate entworfen mit einem 15 Personen fassenden Salon von 4 Metern Höhe und 3 Metern Durchmesser. Der Fußboden liegt auf einer 50 Zentimeter dicken Sprungfedermatratze. Der untere Teil der Granate besteht aus stählernen, zusammenschiebbaren Spitzkegeln, wodurch eine zusätzliche Elastizität erreicht wird. Diese menschengefüllte Granate soll genau in der Mitte des Eiffelturms in 300 Meter Höhe ausgeklinkt werden und in einen Teich fallen, der die Form eines Champagnerglases hat (s. Abb. links unten). Der Teich ist in der Mitte 50 Meter tief und soll als Stoßdämpfer wirken. Herr Carron versichert, daß dank der Sprungfedern und der Teleskop-Spitze die Passagiere bei der Landung keinen unangenehmen Stoß bekommen.

Nach Meinung des Erfinders wird die komfortable Granate rentabel, wenn jeder Passagier pro Fahrt 20 Franken bezahlt.

Der Landeteich

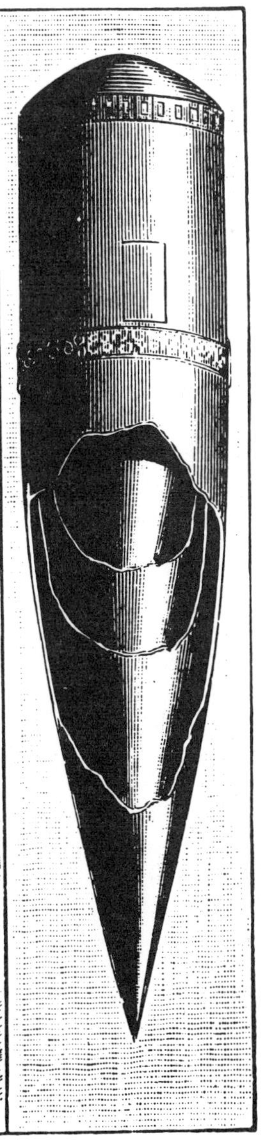

Federung der Granate

Querschnitt des Salons für 15 Personen

ELEKTRIZITÄT

Die Glühbirne des Herrn Edison

Edisons stromerzeugender Dynamo

Im Jahre 1878 stellte eine vom britischen Parlament ernannte Kommission hervorragender Wissenschaftler fest: »Die elektrische Beleuchtung für den Hausgebrauch ist ein Problem, das von menschlichen Gehirnen nicht gelöst werden kann.«

Der amerikanische Erfinder Thomas Alva Edison betrachtete das als Herausforderung. Er machte unzählige Versuche mit Fäden aus allem erdenklichen Material, die er in einer luftleer gepumpten Glasröhre durch elektrischen Strom zum Glühen oder gar Leuchten bringen wollte. Er versuchte es mit Platin, Kokosfaser, Angelschnur, Violinsaiten, Nähgarn, ja, sogar mit feingeschnittenem Krokodil-Leder. Alle Versuche endeten damit, daß die Fäden schmolzen und zerfielen. Aber am 21. Oktober 1879 wurde Edisons Geduld belohnt: Ein Kohlefaden in einer luftleeren Glaskugel wurde unter Strom gesetzt, begann zu leuchten und verbreitete ein klares und gleichmäßiges Licht. Er brannte volle fünfundvierzig Stunden.

Die Glühlampe von Edison

Querschnitt eines mit elektrischem Licht und elektrischem Fahrstuhl ausgestatteten Hauses. Die Dampfmaschine mit dem Dynamo, der den Strom liefert, ist im Keller installiert

Die Nachricht, daß ein neues Licht ohne offene Flamme, ohne Geruch und ohne Gebrauch von Zündhölzern erfunden war, ging wie ein Lauffeuer über alle Telegraphendrähte der Welt. Einige Zeitungen zweifelten jedoch am Wahrheitsgehalt der Meldung, und Skeptiker bezeichneten Edison als Hochstapler und Betrüger. Deshalb beschloß der Erfinder, eine große, öffentliche Vorführung zu veranstalten.

Edison lud die Honoratioren der Stadt, berühmte Wissenschaftler, viele Industrielle und die Presse zu einem Neujahrsempfang nach Menlo Park ein. Als die Gäste in der Abenddämmerung ankamen, herrschte im ganzen Haus triste, nur von wenigen Gaslämpchen unterbrochene Dunkelheit.

Aber plötzlich leuchteten auf einen Schlag Hunderte von elektrischen Glühbirnen auf. Der Anblick war so traumhaft, daß die Pres-

Die drei unteren Etagen des Elektrizitätswerkes, das Edison für die Beleuchtung eines New Yorker Stadtviertels erbaute

Der Dynamo-Saal des oben gezeigten Elektrizitätswerkes

se am nächsten Tage von einem »himmlischen Schauspiel« schrieb.

Mit dieser überzeugenden Vorführung hatte Edison die Partie gewonnen: Die Aktien der Leuchtgasgesellschaften fielen ins Bodenlose, während die der »Edison Electric Light Company« von 106 auf 3000 stiegen.

Edison studierte den Stadtplan von New York und wählte ein Viertel südlich der Wallstreet, das er als ersten Stadtteil der Welt mit elektrischem Licht versorgen wollte. Seine Assistenten schwärmten aus und maßen in jeder Straße und in jedem Haus die Länge der Gasleitungen, um die Umstellung von Leuchtgas auf Elektrizität vorzubereiten.

Edison erdachte inzwischen die Schraubfassung für Glühlampen, konstruierte Schalter, Sicherungen und sogar einen Stromzähler.

Das Hauptproblem jedoch war die Einrichtung einer Zentrale, die den nötigen Strom für 13000 Glühlampen liefern konnte. Edison kaufte ein vier Stockwerke hohes Haus, in dem er acht Dampfmaschinen mit insgesamt 2000 PS installierte, die acht Edison-Dynamos antrieben.

Inzwischen hatten seine Arbeiter die Straßen des auserwählten Stadtviertels aufgegraben und die Stromleitungen unterirdisch verlegt.

Am 4. September 1882 wurde das Elektrizitätswerk in Anwesenheit vieler hoher Gäste von Edison persönlich in Gang gesetzt.

Edison erzählte später: »Als ich den Schalter umlegte, war ich sehr nervös, weil ich nicht genau wußte, was passieren würde. Die Dampfmaschinen und Dynamos machten einen ohrenbetäubenden Krach, und man hatte den Eindruck, daß der ganze Raum Funken sprühte. Es war, als öffneten sich vor uns die Höllenpforten!«

Als die Dynamos sich zu drehen begannen, lief der erzeugte Strom durch die Erdleitungen in die Häuser, Läden und Büros.

Anfangs glühten die Lampen nur schwach rötlich. Als aber die Dynamos auf vollen Touren liefen, gaben die Glühbirnen unter dem Jubel der Zuschauer und Einwohner ein helles, gleichmäßiges Licht.

Die Glühlampe war eine Lichtquelle für alle geworden, jeder konnte sie sich leisten.

»Ich werde dem Leuchtgas Konkurrenz machen«, verkündete Edison. »Die Kabel werden durch alle Straßen und in alle Häuser führen und sollen nicht nur Licht bringen, sondern auch Motoren-Energie und Heizung. Mit Elektrizität wird man Nähmaschinen, Schuhputzmaschinen und Waschmaschinen betreiben können, ja, sogar das Essen kochen.«

Wenn die Hoffnung des Erfinders auch wohl ein Traum bleiben dürfte, daß über Stromleitungen Motoren-Energie und Wärme in unsere Häuser gelangt: Die ganze Welt muß ihm dankbar sein, daß er mit seiner Erfindung ermöglicht hat, unsere Wohnungen billig zu beleuchten. Die elektrische Glühlampe ist eine der segensreichsten Erfindungen aller Zeiten.

Die wunderbaren Möglichkeiten des elektrischen Lichts

Die Amerikaner sind bekanntlich Meister auf dem Gebiet der Reklame. Neuerdings spielt das elektrische Licht dabei eine Hauptrolle. Die Edison Electric Lighting Company hatte die originelle Idee, die Besucher der Elektrizitätsausstellung durch prospektverteilende Neger, die einen Helm mit einer Edison-Lampe trugen, auf sich aufmerksam zu machen. Die Glühbirne war durch zwei in der Kleidung des Negers verborgene Drähte mit seinen kupferbeschlagenen Schuhsohlen verbunden. Im Fußboden waren Kupferplatten angebracht, die mit den Polen eines stromerzeugenden Dynamos verbunden waren. Wenn die Sohlen des Negers auf den Kupferplatten standen, konnte er die Lampe auf seinem Kopf aufleuchten lassen. Viele Besucher wollten die Kosten eines solchen Apparates wissen, um mit ihm abends bequem ihr Haus inspizieren zu können.

Elektrische Haus- und Straßenbeleuchtung mit Bogenlampen

Edisons elektrischer Fackelzug

Für den Präsidenten-Wahlkampf im Jahre 1884 lieferte die Edison-Company eine Lichtreklame, die man als »Fackelzug mit Glühbirnen« bezeichnen könnte.

Auf einem großen, von Pferden gezogenen Wagen stand eine Dampfmaschine von 40 PS und trieb einen Dynamo an. Dahinter ein Wassertank und ein Wagen mit Kohlen. Vom Dynamo gingen 400 Meter lange Seile ab, in denen sich je zwei Kupferdrähte befanden. Jeder Teilnehmer des Aufmarsches (s. Abb. 2) war durch Anfassen des Seils mit der Stromquelle verbunden: Zwei durch den Anzugärmel geführte Drähte ließen die Lampe auf dem Helm leuchten. Auch die Pferde waren mit Lampen geschmückt, und der berittene Anführer der Parade schwenkte einen Stab mit einer besonders starken Glühbirne.

Pferd und Kutsche, beide elektrisch beleuchtet

Der erste Teil des Aufmarsches ging reibungslos vonstatten. Das Licht drang in alle Winkel der Straßen, die der Zug passierte. Aber plötzlich gingen alle Lampen auf einen Schlag aus. Die Panne wurde durch Schmutz in einem Rohr der Wasserpumpe verursacht. Nachdem das Rohr gereinigt war, leuchtete der Zug unter großem Beifall des Publikums wieder auf.

Drei Stunden dauerte der Marsch durch die Hauptstraßen New Yorks. Edison selbst soll in einem der mitfahrenden Wagen gesessen haben und von den zahlreichen Zuschauern umjubelt worden sein.

Für den Leser ist es vielleicht interessant, daß der Kandidat, für den dieser strahlende Umzug warb, nicht gewählt wurde.

Fackelzug mit elektrischen Lampen in New York

Die wandernde elektrische Lampe für das Treppenhaus

Herr Armand Murat aus Paris hat eine bewegliche elektrische Lampe entwickelt, die Frühaufstehern oder Spätheimkehrern die Treppen zu einer Zeit beleuchtet, in der das Gas abgestellt ist. Die Lampe läuft zwischen zwei Führungskabeln, die gleichzeitig Stromleitung sind. Der Treppenbenutzer braucht nur die Kordel zu ergreifen, die an der Lampe hängt, und sie beim Hinauf- oder Hinabsteigen mit sich zu ziehen. Die Lampe ist also denkbar einfach zu bedienen, obgleich ihre Konstruktion aus kleinen Flaschenzügen, Kabelaufwicklern und Gegengewichten ziemlich kompliziert ist.

Der mobile Militärscheinwerfer

In Frankreich wurde vor kurzem ein mobiler Scheinwerfer für militärische Zwecke konstruiert. Er führt seine Energiequelle in Form einer Dampfmaschine mit sich, die einen Dynamo antreibt. Ein Pferd genügt, um das Gerät zu ziehen, das in verschiedenen Größen geliefert wird.

Der Scheinwerfer ist besonders nützlich für die Küstenverteidigung, denn er macht die schnelle Entdeckung nahender feindlicher Schiffe möglich. In Festungen kann das Gerät von unschätzbarem Wert sein, denn es verhindert, daß der Feind im Schutze der Dunkelheit seine Stellungen ausbaut.

Suchscheinwerfer für militärische Zwecke

Wolken-Projektor in Paris

Projektion von Reklametexten auf Wolkenwände hat sich bewährt

Die Projektion von Reklame-Botschaften auf Wolken wurde in den letzten Jahren häufig diskutiert. Jetzt haben die Amerikaner diese Idee zum ersten Male praktisch angewendet.

An den letzten Abenden der Ausstellung von Chikago projizierte ein auf dem Dach des Handwerks-Palastes installierter Projektor Reklamebilder und -texte auf die Wolken. Nach Schluß der Ausstellung wurde die Anlage nach New York verfrachtet und auf dem Dach der Redaktion der »New York World« aufgebaut. Alle abendlichen Bummler richten seitdem ihren Blick zum Himmel, allerdings nur, wenn er bewölkt ist.

Das zu projizierende Bild wird zwischen die beiden starken Linsen des Projektors geschoben, für dessen Bogenlampe 150 Ampere und eine Spannung von 110 Volt nötig sind. Der Projektor ist schwenkbar, damit er auf jede Wolke gerichtet werden und sie verfolgen kann.

Falls hin und wieder keine Wolken vorhanden sind, gäbe es noch die Möglichkeit, durch Hochblasen von Dampf oder durch Abschießen rauchbildender Feuerwerkskörper künstliche Wolken zu erzeugen. Diese Reklamemethode dürfte eine große Zukunft haben.

Tänzerin mit Leuchtschmuck

Strahlender Schmuck aus elektrischen Juwelen

Herr G. Trouvé aus Paris hatte den Einfall, künstliche Edelsteine herzustellen, die an Leuchtkraft die echten Diamanten weit übertreffen. Auf unserer Illustration kann man die Wirkung dieser Edelsteine sehen. Sie tragen im Inneren eine kleine elektrische Glühlampe, die durch feine Kupferdrähte mit einer Miniatur-Batterie verbunden sind, die man bequem in der Frisur oder unter der Kleidung verbergen kann. Solche leuchtenden Edelsteine können als Köpfe von Haar-, Hut- oder Krawattennadeln verwendet werden, für Broschen und sogar für Spazierstökke. Hauptsächlich sind sie aber für Bühnenkünstler und Tänzerinnen gedacht.

Es gibt solche Lämpchen auch in Sträußen aus Porzellanblumen, deren plötzliches Aufleuchten stets große Überraschung auslöst. Diese Spielerei wird sicher bald sehr populär werden, besonders in den Großstädten, wo man überall Gelegenheit hat, die kleinen Akkumulatoren wieder aufzuladen.

Trouvés elektrische Juwelen

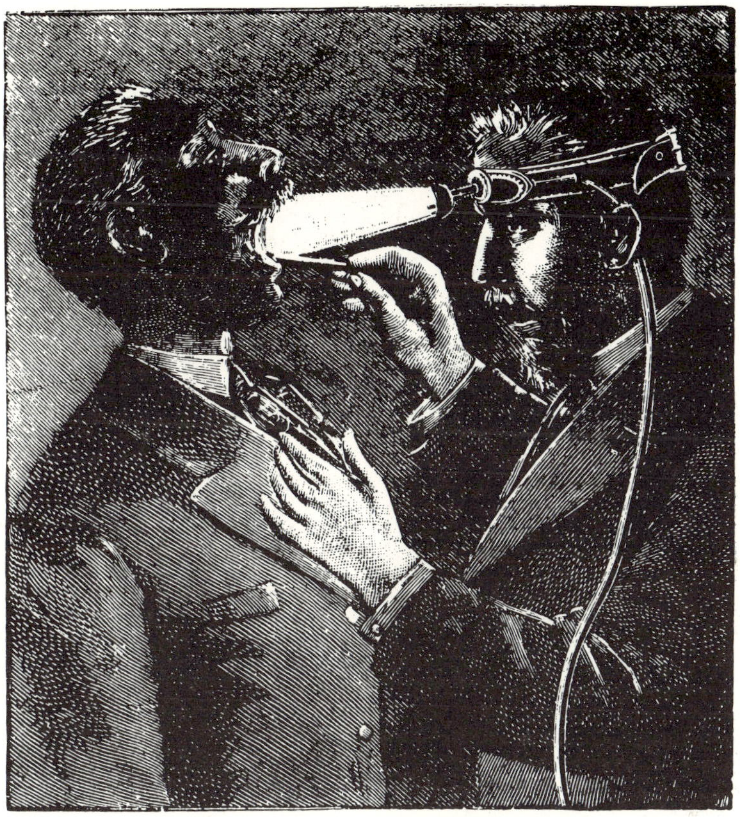

Kehlkopfspiegel mit elektrischem Licht

Licht-Automat

Eine halbe Stunde Licht für einen Penny

Wer heutzutage sein Gewicht feststellen, Schokolade oder Bonbons kaufen oder einen Schuß Parfüm ins Taschentuch haben will, der braucht nur zum nächsten Automaten zu gehen, einen Penny einzuwerfen, und schon wird sein Wunsch erfüllt.

Nun hat man einen Automaten gebaut, der den Einwerfer eines Penny-Stückes für eine halbe Stunde in den Genuß elektrischen Lichtes kommen läßt. Der Penny wird in den auf unserer Zeichnung mit »A« bezeichneten Schlitz geworfen, von wo er nach »B« fällt. Dann drückt man den Knopf mit dem Schild »Kräftig drücken« und setzt dadurch eine Art Uhrwerk in Bewegung, das den Strom einiger Akkumulatoren einschaltet. Falls der Apparat nicht funktioniert, fällt der Penny bei »C« wieder heraus.

Der Licht-Automat ist vor allem für Eisenbahnabteile gedacht, damit die Reisenden lesen, schreiben oder Karten spielen können, was bei der traurigen Gasbeleuchtung unserer Züge kaum möglich ist.

Es wird hell im Hals

Zur gründlichen Untersuchung der Mundhöhle und des Kehlkopfes wird sich ein neuartiges Gerät als sehr nützlich erweisen. Es besteht aus einer kleinen, aber starken Glühlampe, die mit einem Riemen am Kopf des Arztes befestigt ist.

Elektrisches Licht im Dienste der Photographie

OPTIK

Der Photographier-Hut in Aktion

Vorsicht vor dem Photographier-Hut

Man hat schon alles mögliche versucht, um kleine, leicht tragbare Photoapparate herzustellen. Ein typisches Beispiel ist der Photographier-Hut, der seinem Träger das unbemerkte Photographieren erlaubt. Das ist wirklich möglich, wie aus einem Brief hervorgeht, den wir von Herrn O. Campo aus Brüssel bekamen. Er schreibt:

»Als ich mich im August 1886 in einem Seebad aufhielt, bekam ich einen Brief, der zu meinem großen Erstaunen drei Photographien enthielt, auf denen ich mich mühelos erkennen konnte. Sie waren nicht gerade schmeichelhaft. Auf der ersten sah man mich ins Wasser gehen, wobei mein Gesicht deutlich die Gefühle ausdrückte, die man bei der ersten Berührung mit eiskaltem Meereswasser hat. Die zweite Photographie war in dem Augenblick aufgenommen, als ich einen kräftigen Schluck unfreiwillig eingenommenen Wassers von mir gab. Auf der dritten ähnelte ich mehr einem dreckigen Hund als einem zivilisierten Menschen. Sie war aufgenommen worden, als ich tropfend dem Meer entstieg. Ich kann nicht leugnen, daß diese drei Moment-Aufnahmen eine genaue Wiedergabe dessen war, was vor zwei Tagen vor sich ging. Nach einigen Nachforschungen bekam ich heraus, daß ein guter Freund mit Hilfe eines Photographier-Hutes diese Aufnahmen machen konnte.«

Soweit Herr Campo.

Die Gebrüder Lüders aus Görlitz ließen sich den Photographier-Hut bereits 1886 patentieren.

Miniatur-Kamera

Unser Bild zeigt eine neue Kleinstkamera, die nur halb so groß wie eine Botanisiertrommel ist und ebenso an einem Schulterriemen getragen wird. Das dazugehörige Stativ ist als Wanderstab gestaltet und auch als solcher verwendbar.

Eine Magnesium-Fackel für photographische Aufnahmen. Sie leuchtet besonders kräftig, wenn man ihr über ein kleines Röhrchen den zur Verbrennung nötigen Sauerstoff aus der eigenen Lunge zuführt. Trägern vorstehender Bärte ist äußerste Vorsicht anzuraten

Das Photographieren mit Magnesiumlicht

Atelier eines Photographen im Jahre 1895

Parsells tragbarer Photo-Apparat mit Spazierstock-Stativ

Photographieren unterwegs

Photographier-Dreirad für Veloziped-Touristen

Die Wunder der Trick-Photographie

Unsere Illustration zeigt einige besonders gut gelungene Trickaufnahmen, wie sie mit Verzerrungslinsen, durch Montage oder durch Doppelbelichtung vor schwarzem Hintergrund erzielt wurden.

Mareys Photographier-Gewehr

Das Photographier-Gewehr

Professor E. J. Marey aus Paris, der Forschungen über den Vogelflug betreibt, hatte die Idee zu einer »Photographier-Mitrailleuse«, die ganz schnell hintereinander die Flügelbewegungen eines Vogels aufnehmen kann. Die Schwierigkeit lag nicht etwa in der zu schwachen Lichtempfindlichkeit der photographischen Platten, sondern in der Geschwindigkeit, mit der diese Platten ausgewechselt werden mußten. Morey gelang es, eine Kamera in Form eines Jagdgewehrs zu bauen, die pro Sekunde zwölf Bilder aufnehmen kann, jedes mit einer Belichtungszeit von $^1/_{720}$ Sekunde.

Im Lauf des Photographiergewehres befindet sich das Objektiv. Dahinter eine Trommel mit einem Uhrwerk, das durch den Gewehrabzug in Gang gesetzt wird. In der Metalltrommel sitzt auf einer Achse eine Metallscheibe mit einem kleinen Fenster, durch das zwölfmal pro Sekunde das Licht vom Objektiv fällt. Dahinter eine zweite, gleichgroße Scheibe mit 12 Fensterchen und einer lichtempfindlichen Platte. Die hintere Scheibe macht pro Sekunde eine volle Drehung, bleibt in dieser Sekunde aber zwölfmal ganz kurz stehen, wobei nacheinander zwölf Belichtungen durch das kleine Fenster der vorderen Scheibe stattfinden.

Nach einigen Versuchen erzielte Marey sehr zufriedenstellende Photographien vom Flug einer Möwe. Jeder Flügelschlag war in drei Bilder zerlegt. Aber das genügte dem Professor noch nicht, und er verdoppelte die Geschwindigkeit der Scheiben. Jetzt konnte er vierundzwanzig Bilder pro Sekunde machen.

Marey ist dabei, eine große Sammlung von Bildern verschiedenster Vogelarten beim Flügelschlagen anzulegen. Es ist ihm sogar gelungen, den Flug von Fledermäusen zu photographieren, trotz der späten Stunde, zu der diese Tiere ihre Ausflüge zu machen pflegen, und trotz der Unberechenbarkeit ihrer Flugbewegungen.

Die Studien des Professors Marey könnten sich als sehr nützlich erweisen im Hinblick auf die bisher vergeblichen Versuche, eine Flugmaschine für Menschen zu bauen.

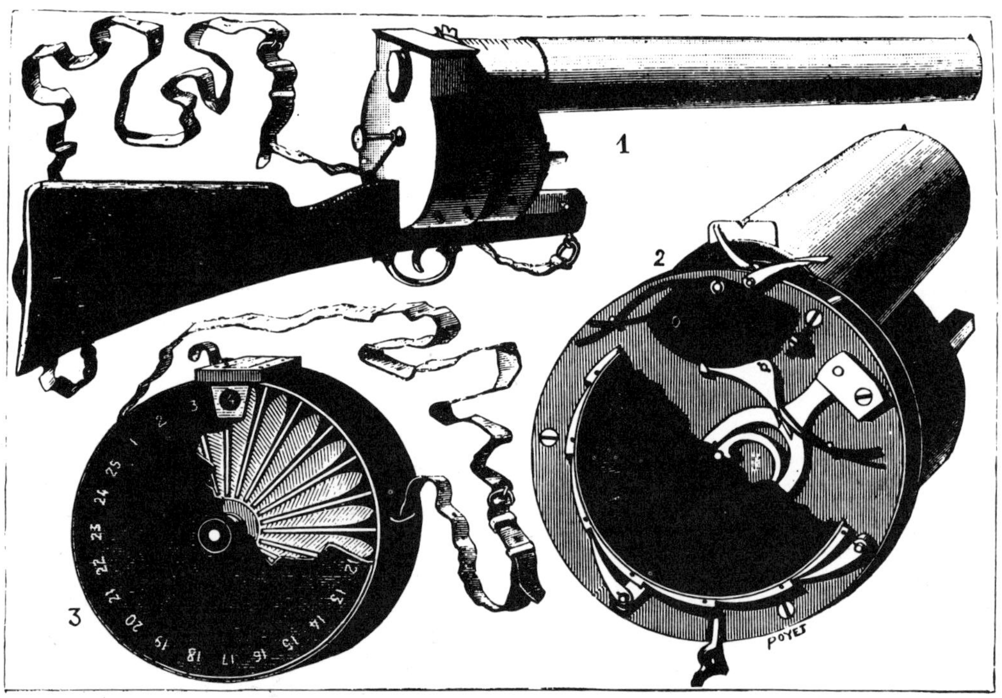

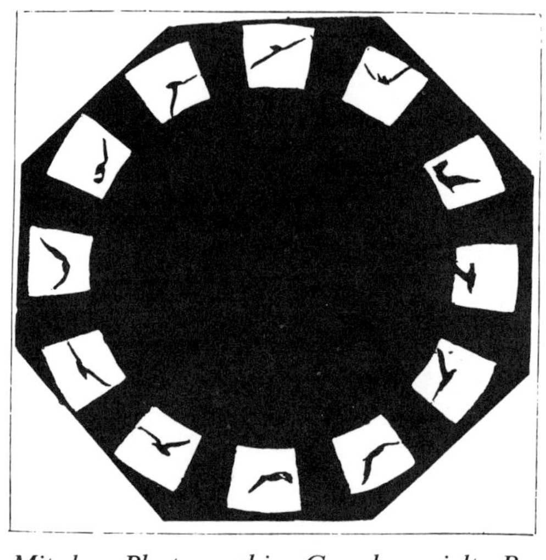

Mit dem Photographier-Gewehr erzielte Bewegungsaufnahmen einer fliegenden Möwe

Der Mechanismus des Gewehrs: 1. Gesamtansicht. 2. Der Verschluß und die Scheibe mit Belichtungsfenster. 3. Das Magazin mit 25 photographischen Platten

Der »Schnell-Seher« und das »Cinetoscope«

Der berühmte Photograph Anschütz hat einen Apparat konstruiert, mit dessen Hilfe er seine Momentaufnahmen von Tierbewegungen auf eine Leinwand projizieren kann.

Der »Schnellseher«, auch »Tachyscope« genannt, besteht aus einem Rad mit vielen kleinen Fenstern (Bild rechts). In jedes dieser Fenster wird ein Bild der natürlichen Bewegungsreihenfolge des photographierten Objekts hineingesteckt. An der unteren Kante eines jeden Bildfensters ragt eine Nadel heraus, die in dem Moment, indem das Bild vor der Geisslerschen Röhre des Projektors ankommt, den Stromkreis schließt und die Röhre zum Leuchten bringt. Durch Drehen des Rades werden die Bilder schnell nacheinander sichtbar, wodurch ein Bewegungseffekt entsteht. Die Zuschauer sehen ein »lebendes Bild«.

Anschütz hatte in den USA mit diesem Apparat einen Riesenerfolg. Er stellte ihn,

Der »Schnell-Seher« von Anschütz

für die Zuschauer nicht sichtbar, hinter einer Leinwand auf. Unser Zeichner hat ein Stück dieser Leinwand weggelassen, damit man die Leute sehen kann.

Zur gleichen Zeit hatte auch Edison einen Apparat entwickelt, der Bilder in schneller Folge vorführte. Er nannte ihn »Cinetoscope«. Bei seinem System werden die einzelnen Bilder auf ein lichtempfindliches Zelluloidband von 15 Metern Länge kopiert. Auf so einem Band kann man 750 Bilder von je 2 Zentimetern Höhe unterbringen und in 45 Sekunden ablaufen lassen, also pro Sekunde ungefähr 17 durch den Spalt einer sich schnell drehenden Metallscheibe projizierte Bilder.

Die Bilder werden nach dem Leben aufgenommen, die beliebtesten Motive sind Schauspieler, Tänzer, Box-Champions, Ringer, Lassowerfer, Kunstschützen und andere Artisten.

Vorläufig ist das Ganze nur eine Spielerei, an der auch Erwachsene ihre Freude haben können. Der Zuschauer sieht alles ablaufen wie im wirklichen Leben, obgleich das Bild auf dem Zelluloidstreifen nicht größer ist als der sechste Teil einer Visitenkarte.

Nach den letzten Meldungen ist Edison dabei, seine Erfindung dahingehend zu verbessern, daß die Menschen und Tiere auf der Leinwand natürliche Größe haben und sogar sprechen oder brüllen. Um das zu erreichen, will er das »Cinetoscope« mit seinem Phonographen kombinieren. Aber bei einer solchen Kombination bestehen große Schwierigkeiten, die Gleichzeitigkeit von Bild und dazugehörigem Ton sicherzustellen. Außerdem gibt es noch große Probleme bei der Projektion auf die fünfhundertfache Größe des Zelluloidbildes.

Edison versichert, daß er eine ganze Oper in bewegten und tönenden Bildern vorführen kann, wenn er sein verbessertes Cinetoscope mit dem Phonographen koppelt. Das würde natürlich ungeahnte Möglichkeiten eröffnen. Wir sind aber der Meinung, daß diese Hoffnungen etwas übertrieben sind. Um nur einen Einwand zu nennen: Wenn man den echten Eindruck von Realität vermitteln will, müßte alles in natürlichen Farben gezeigt werden, und das ist bis heute nicht durchführbar. Wir können Herrn Edison also nur einen Wunsch vortragen: Er soll erst einmal das Problem der Farb-Photographie lösen. Dann werden wir die Frage beantworten können, welches wohl die schönste Erfindung Edisons sei.

Edisons Versuch, »Cinetoscope« und »Phonograph« zu kombinieren

Das Innere des »Cinetoscopes«

Die lebenden Bilder von Reynaud

In seiner einfachsten Form ist dieser neue, »Praxinoscope« genannte Apparat eine sogenannte »Magische Trommel«: Auf der Innenwand befindet sich eine Serie von Photographien eines Bewegungsablaufes. Der Betrachter guckt von außen durch die Schlitze der sich drehenden Trommel und sieht ein lebendes Bild, zu dem sich die einzelnen Licht-Impressionen auf der Netzhaut zusammenfügen. Da die Photographien die aufeinanderfolgenden Bewegungsphasen zeigen, entsteht ein völlig realistischer Ablauf.

Um einem größeren Personenkreis das gemeinsame Betrachten solcher »lebenden Bilder« zu ermöglichen, kombinierte Reynaud die »Magische Trommel« mit einer Laterna Magica. Mit einem Apparat dieses Typs hat Muybridge im März 1882 in London eine Vorführung in der »Royal Society« veranstaltet. Die Zuschauer konnten dort nicht nur Pferde, Hunde und Stiere sich mit beachtlicher Geschwindigkeit auf der Leinwand bewegen sehen, sondern auch die Beweglichkeit von Turnern und die Geschicklichkeit von Faustkämpfern bewundern.

Reynauds Heim-Bildwerfer

Das verbesserte »Praxinoscope«

Die Anfänge der Stereoskopie

Stereoskopische Projektion

In Lyon wurde ein aus zwei Projektoren zusammengesetzter Apparat vorgeführt, der den Zuschauern plastisches Sehen ermöglicht. Die projizierten Bilder waren vorher mit zwei aufeinandermontierten Kameras aufgenommen worden, deren Linsen denselben Abstand zueinander hatten wie die Linsen des Zwillingsprojektors. So erzielte man zwei perspektivisch leicht voneinander abweichende Bilder. Das eine wurde rot, das andere grün kopiert. Jeder Zuschauer bekommt eine Brille, deren eines Glas rot ist und das andere grün. Wenn nun die beiden Bilder gleichzeitig auf die Leinwand projiziert werden, sieht das eine Auge nur das grüne, das andere nur das rote Bild. So entsteht ein naturgetreues und plastisches Bild.

Die erste Vorführung des Gerätes war ein voller Erfolg. Das Publikum konnte sich gar nicht satt sehen an der perspektivischen Tiefe der Landschaften und am plastischen Bild von Mensch und Tier. Es ist nicht daran zu zweifeln, daß es bald in unseren Städten Stereoskop-Theater geben wird.

Das vergrößerte optische Theater von Reynaud

Der Cinematograph der Brüder Lumière

Es ist gerade ein Jahr her, daß wir von Edisons Erfindung des »Cinetoscope« berichteten, die das Betrachten »lebender Bilder« durch ein Guckloch möglich machte. Seitdem hoffte man, daß es Edison sehr bald gelingen würde, ähnliche Szenen in natürlicher Größe auf eine große Leinwand zu projizieren. Er scheint aber immer noch nicht soweit zu sein, denn sonst hätten die amerikanischen Reklame-Fanfaren diese Erfindung längst zu einem großen Geschäft gemacht.

Im Augenblick sieht es so aus, daß die Brüder Lumière aus Lyon den Amerikanern auf diesem Gebiet um eine Länge voraus sind. Im Juli 1895 haben sie den von ihnen erfundenen Cinematographen vorgeführt, der von den Zuschauern, darunter viele Wissenschaftler, mit großem Beifall bedacht wurde.

Wir konnten an einer Vorführung in der Kalverstraat in Amsterdam teilnehmen. Nach Bezahlung von 50 Centimes Eintrittsgeld setzt sich der Zuschauer in eine der Stuhlreihen vor der in einem Holzrahmen befestigten, etwa einen Meter hohen Leinwand. Wenn der Saal voll besetzt ist, gehen die elektrischen Lampen aus, die Leinwand wird vom Projektor taghell angestrahlt, und dann laufen die »lebenden Bilder« ab.

Wir sahen die Arbeiter der Fabrik der Brüder Lumière – Männer und Frauen – zur Mittagsstunde aus dem Gebäude herauskommen und zum Essen gehen. Sie bewegten sich in verschiedene Richtungen, einige sprangen zur Seite, um Radfahrern oder Fahrzeugen auszuweichen, andere gingen fröhlich plaudernd die Straße entlang. Die ganze Szene dauerte nicht länger als eine Minute und hörte genauso plötzlich auf, wie sie angefangen hatte.

Die Zuschauer waren sehr beeindruckt und stießen Rufe aus wie »Wunderbar!« und »Schade, daß es schon zu Ende ist!«

Schnell folgte eine neue Szene. In jeder Vorstellung werden zehn bis zwölf Szenen gezeigt, eine überraschender als die andere. Am meisten Beifall fand ein kleines Mädchen, das auf der Leinwand seinen Brei aß. Besonders fasziniert war das Publikum von einem Eisenbahnzug, der vom Horizont herankam und immer größer wurde, so daß man den Eindruck hatte, er führe in den Saal hinein.

Eines muß allerdings bemerkt werden: Wir sahen wohl auf der Leinwand lebendige Wirklichkeit, aber sie war stumm, aller Geräusche und Sprache entkleidet. So schwierig das auch sein mag, ein weiterer Schritt muß noch getan werden: Wir möchten die Sprache der Menschen, das Knallen eines Korkens, die Brandung des tobenden Meeres usw. hören. Erst dann wird die Illusion perfekt sein.

Der cinematographische Aufnahme-Apparat von Lumière

Die mikroskopisch kleine Brieftaubenpost

Während der Belagerung von Paris durch die Preußen im Jahre 1870 waren Brieftauben die einzige Verbindung nach draußen. Die Brieftauben wurden mit Ballons aus der belagerten Hauptstadt in das unbesetzte Frankreich gebracht. Dort hängte man ihnen Depeschen an die Füße und ließ sie auf, damit sie schnellstens nach Paris zurückflogen.

Als die Depeschen so zahlreich wurden, daß die Tauben sie nicht mehr schleppen konnten, verkleinerte man die Depeschen photographisch-mikroskopisch auf dünne, 3 mal 5 Zentimeter große Membranen, von denen jede an die hundert Depeschen aufnehmen konnte. Die Tauben transportierten diese Depeschen in kleinen, an ihren Schwanzfedern befestigten Röhrchen. So konnte jede Brieftaube bis zu tausend Depeschen mitnehmen, die zusammen nicht viel mehr als ein Gramm wogen. Sobald die Vögel in ihren heimatlichen Taubenschlägen in Paris angekommen waren, wurden die Membranen in einen verdunkelten Raum gebracht und auf die Wand projiziert. Sie wurden abgeschrieben und den Adressaten zugestellt.

In jener Belagerungzeit, als Paris von der Außenwelt völlig abgeschnitten war, transportierten die Brieftauben 95 581 Depeschen und brachten der Brieftauben-Gesellschaft einen Gewinn von 432 524 Franken.

Die neuesten Panoramen

Wir alle kennen die stehenden Panoramen, die auf jeder mehr oder weniger wichtigen Ausstellung zu sehen sind. Die Pariser Weltausstellung hat nun ganz neue Mittel eingesetzt, um die klassischen Panoramen bewegt und lebendig zu machen. Dabei wird die bekannte Illusion ausgenutzt, daß eine in einem stehenden Zug sitzende Person zu fahren glaubt, wenn auf dem Nebengleis ein anderer Zug vorbeifährt.

Im Stereorama »Poesie des Meeres« haben die Besucher die Illusion, auf einem Dampfer an der nordafrikanischen Küste

Das Stereorama »Poesie des Meeres«

Technische Einrichtung des Stereoramas »Poesie des Meeres«. Man sieht deutlich die Konstruktion der kreisenden Blechbänder mit den aufgemalten Meereswellen. Darunter das System von Rollen und Rädern, mit deren Hilfe das Auf und Ab der Wellen erzeugt wird

zwischen Oran und Bône entlangzufahren. Bei der Abfahrt steigt die Sonne über einem spiegelglatten Meer auf. Wenig später wird die See unruhig, die Wellen tragen Schaumkronen. Vor Algier brennt die Mittagssonne vom Himmel. Am Horizont erscheint die Stadt mit ihren weißen Häusern und Minaretten. Fischerboote und Dampfer ziehen vorbei. Und dann ein imposantes Geschwader von Panzerkreuzern und Torpedobooten, aus deren Schornstein realistischer Rauch quillt.

Der Effekt des Stereo-Panoramas wird folgendermaßen erzeugt: Die Landschaft ist auf einen großen Rundhorizont gemalt, der sich langsam dreht. Davor ziehen vierzig Blechbänder mit aufgemalten Wellen, die nach oben und unten bewegt werden können, ihre Kreise.

Ein anderes Panorama der Weltausstellung, die »Transsibirische Bahn«, wurde von der Internationalen Schlafwagengesellschaft nicht weit vom russischen und chinesischen Ausstellungspavillon erbaut. Die Besucher können in drei echten Waggons der Schlafwagengesellschaft sitzen, die jeder 20 Meter lang sind und luxuriöse Abteile, Toiletten, Bars, einen Frisiersalon, Badezimmer und

Das Panorama »Transsibirien-Express«. Die vier Kulissenwände, die Zuschauertribüne und die Originalwaggons.

ein Restaurant für höchste Ansprüche bieten. Vor den Waggons ist noch Platz für weitere Zuschauer, die alles Sehenswerte auf der zehntausend Kilometer langen Reise von Moskau nach Peking betrachten wollen.

Die Reise mit stehendem Zug und fahrender Landschaft ist eine technische Meisterleistung: Vorne läuft ein endloses Band, auf das Sand und Kieselsteine geschüttet wurden, mit einer Geschwindigkeit von 300 Metern pro

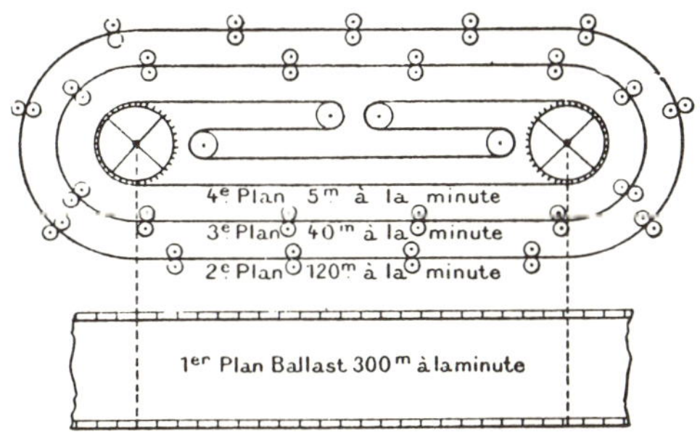

Schematische Darstellung des Panoramas »Transsibirien-Expreß« mit Angabe der Geschwindigkeiten, in der sich Vorder- und Hintergrund bewegen: Ganz vorne die Schottersteine, dahinter, immer langsamer werdend, die fahrenden Kulissen

Minute. Dahinter eine etwas höhere Kulisse mit aufgemaltem Gebüsch und kleinen Bäumen mit 120 Metern pro Minute. Dahinter, wieder etwas langsamer, die schön gemalte Landschaft. Und dahinter schließlich die noch weiter entfernten Berge, Städte, Wälder, Dörfer auf einer siebeneinhalb Meter hohen Kulisse, die sich mit einer Geschwindigkeit von nur 5 Meter pro Sekunde bewegt. Auf diese Kulisse hat der französische Dekorationsmaler Jambon die Städte Moskau, Omsk, Irkutsk, die chinesische Mauer und die chinesische Hauptstadt Peking nach der Natur gemalt. Die ganze Reise von Moskau nach Peking dauert 45 Minuten, allerdings nur in der 60 Meter langen Ausstellungshalle der Internationalen Schlafwagengesellschaft.

Querschnitt durch den Mechanismus des »Mareorama«

Illusion einer Seereise im »Mareorama«

Das ebenfalls auf der Pariser Weltausstellung vorgeführte »Mareorama« ist eine Weiterentwicklung des »Stereorama«. Nicht nur der Hintergrund wird maschinell in Bewegung versetzt, sondern auch der Zuschauer. Er sitzt auf dem Deck eines originalgetreu nachgebauten Passagierdampfers und spürt deutlich das Schaukeln und Rollen des Schiffes. An seinem Auge ziehen Nizza, die Riviera, Tunis, Neapel, Venedig und Konstantinopel vorbei.

Der berühmte Dekorationsmaler Hugo d'Alesi bemalte eine 7500 Meter lange und 12 Meter hohe Leinwand mit dem Reisepanorama, das auf einer Rolle aufgewickelt ist und von einer zweiten Rolle am Zuschauer vorbeigezogen wird. Acht Monate arbeitete eine ganze Mannschaft von Malern daran, zwanzigtausend Quadratmeter Leinwand nach den Entwürfen zu bepinseln, die d'Alesi von einer Reise an die Originalschauplätze mitgebracht hatte.

Eine Leinwand zieht an Steuerbord vorbei, eine andere an Backbord. Auf unserer Illustration ist die eine Leinwand weggelassen, um den Bewegungsmechanismus sichtbar zu machen.

Um nun den »Passagieren« auf dem Deck der Dampfer-Imitation ein echtes Schaukeln und Stampfen des Schiffes zu vermitteln, ist unter dem Deck ein System von hydraulisch betätigten Kolben angebracht, durch die das Schiff auf- und abbewegt wird.

Nur wenige Besucher der Ausstellung werden der Versuchung widerstehen können, eine so billige Seereise zu machen, die zudem nicht das gringste Risiko mit sich bringt. Man kann dabei aber auch mit den weniger angenehmen, auf den Magen schlagenden Gefühlen einer Seereise Bekanntschaft machen. Das mag manche Besucher abhalten. Aber sie mögen bedenken, daß sie selbst beim größten Sturm dieses Schiff jederzeit verlassen und sicheren Boden unter die Füße bekommen können.

Hydraulisches System zum Erzeugen der Schiffsbewegungen des »Mareoramas«

Ballonfahrt für jedermann im »totalen Panorama«

Bei den bisher gezeigten Panoramas wurde dem Besucher die Illusion verschafft, in einem Eisenbahnwaggon oder auf einem Schiff zu sitzen. Nun inspirierte ein drittes Verkehrsmittel, nämlich der Luftballon, die Konstrukteure zu einem Panorama, bei dem der Gast alle Eindrücke einer Luftreise vom Aufstieg bis zur Landung haben kann.

Nur wenige unter uns haben schon einen Ballonflug mitgemacht und die unbeschreiblichen Gefühle eines Luftreisenden erlebt, der im Blau des unendlichen Luft-Ozeans hoch über dem Boden dahinschwebt. Wenn man also ein Panorama vorführen kann, das eine Luftreise ohne Gefahren bietet, wird das Publikum in Scharen herbeiströmen.

Der französische Ingenieur Grimoin-Sanson benutzte für seine Panorama-Aufnahmen zehn kreisförmig angeordnete Cinematographen-Kameras, von denen jede einen Blickwinkel von 36 Grad erfaßt. Die Kameras stehen auf einem 3 Meter hohen Gerüst und werden alle zehn durch Drehen einer Kurbel gleichzeitig in Betrieb gesetzt.

Man nahm mit dieser Apparatur zunächst einige Kreis-Panoramas zu ebener Erde auf. Dann wurde die 500 Kilogramm schwere Kamera-Kombination in der Gondel eines Freiballons montiert. Anfang Mai 1890 stieg der Ballon an den Pariser Tuilerien bei leicht bedecktem Himmel auf. Unmittelbar nach dem Kommando »Los!« begannen die Kameras zu surren und man hörte mit dem Drehen der

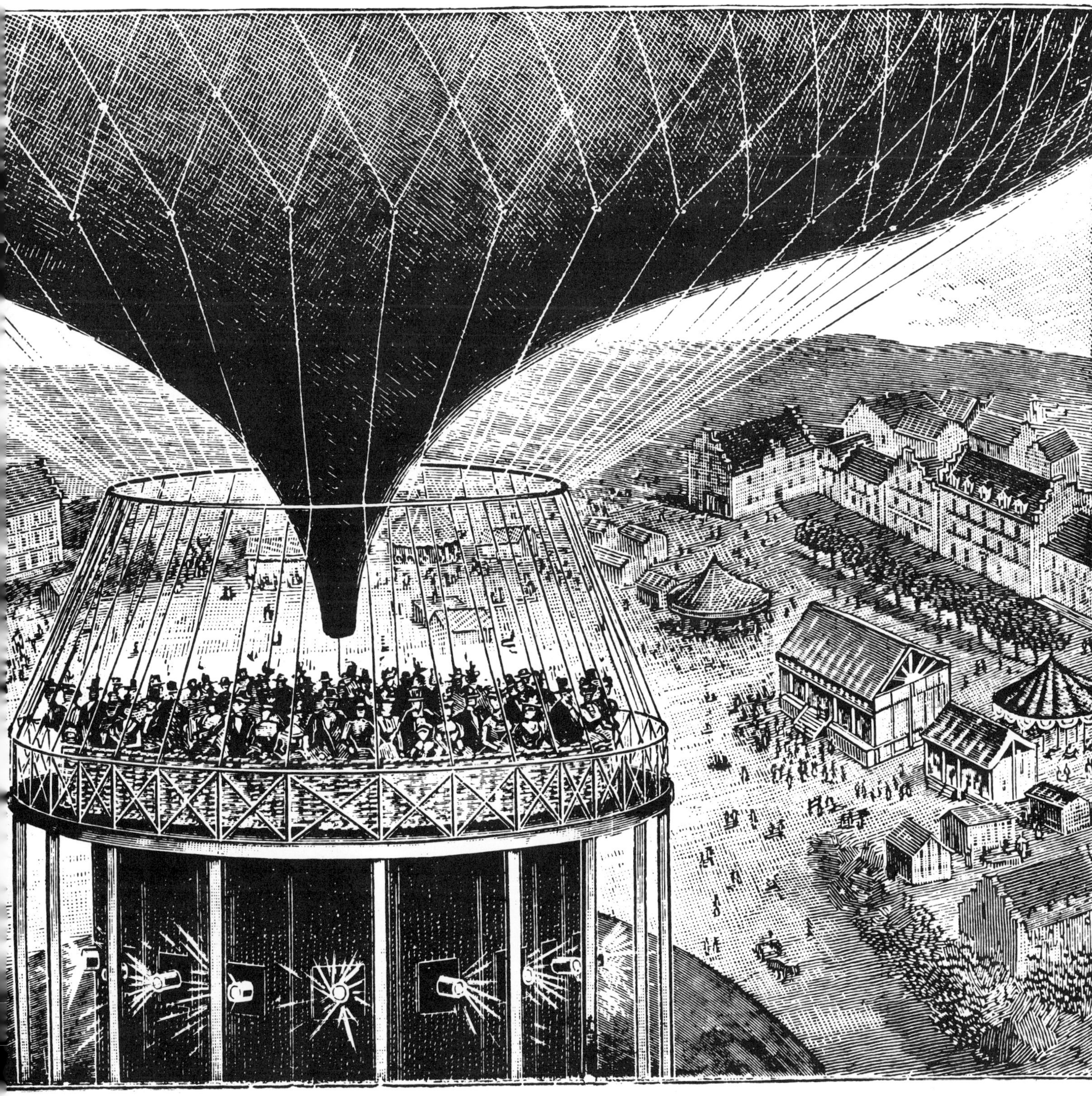

Das Cineorama-Luftballon-Panorama der Pariser Weltausstellung von 1900

Kurbeln erst auf, als eine Höhe von 500 Metern erreicht war.

Bei der Vorführung dieser cinematographischen Bilder sehen die Zuschauer die Erde unter sich verschwinden und haben den Eindruck, sich in die Lüfte zu erheben. Für die Projektion des Films wurde ein Saal mit 30 Metern Durchmesser gebaut, mit zehn zu einem Kreis zusammengesetzten Leinwänden von 10 Metern Höhe. Ein Beton-Zylinder in der Mitte trägt die als Ballongondel gestaltete Publikumstribüne. Darüber schwebt an Seilen das Unterteil einer Ballonhülle und verstärkt die Illusion, in einem Freiballon zu sitzen.

Die Filmstreifen aus den zehn Kameras wurden jeder zu einem endlosen Band von 400 Metern Länge zusammengeklebt. Jedes Bild ist 5 Zentimeter hoch und wird auf 84 Quadratmeter projiziert, was eine 34000fache Vergrößerung darstellt. Für eine 6 Minuten dauernde Vorführung sind 10 Filme von 400 Meter Länge nötig, also mehr als 80000 Einzelbilder.

Die Projektion findet vom Beton-Zylinder aus statt. Er hat zehn Öffnungen, aus denen die Projektionsapparate herausgucken, jeder mit einer elektrischen Bogenlampe von 10 Ampere ausgerüstet. Um die Operateure vor der starken Hitzeentwicklung zu schützen, ist jeder Projektor mit einem Entlüftungsrohr versehen. Außerdem bläst ein Ventilator Frischluft in das Beton-Gehäuse.

TELE KOMMUNIKATION

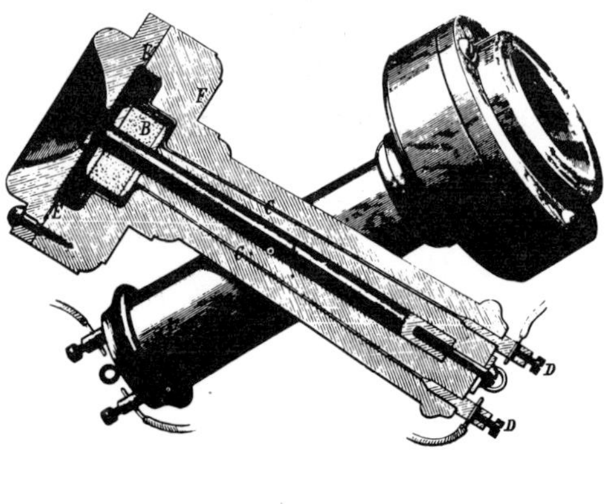

Das Telephon von Graham Bell

Auf der Weltausstellung von Philadelphia im Jahre 1876, mit der die Vereinigten Staaten von Amerika ihr hundertjähriges Bestehen feierten, präsentierte der Erfinder Alexander Graham Bell der Öffentlichkeit einen »Telephon« genannten Apparat.

Auf den ersten Blick interessierte dieses Instrument nur wenige Leute, es war klein und nicht sehr elegant in der Form. Aber als man dann merkte, daß dieses Telephon gesprochene Worte über eine beachtliche Entfernung hinweg naturgetreu erklingen ließ, wurde es ein allgemein bewundertes Ausstellungsobjekt.

Professor Graham Bell während eines Vortrages über das Telephon

In Europa neigte man dazu, die aus Amerika telegraphisch gemeldete Erfindung des Fernsprechers gar nicht erst zu glauben. Man nahm die Nachricht erst ernst, als der bekannte englische Physiker W. Thomson der »Britischen Gesellschaft der Wissenschaften« vom Telephon berichtete und im September 1876 on Glasgow vor Mitgliedern dieser Gesellschaft folgende Rede hielt:

> »Auf der Weltausstellung von Philadelphia habe ich die Worte Sein oder Nichtsein – das ist hier der Haken von einem Telegrafendraht deklamiert gehört. Die elektrische Übertragung erhöhte noch die Komik des verfälschten Zitats. Außerdem wurden über den Telephon-Apparat Auszüge aus Tageszeitungen vorgelesen. Alle Worte wurden sehr genau von einer kreisrunden Membrane wiedergegeben, hinter der sich ein Elektromagnet befand. Später erfuhr ich, daß es mein Kollege Professor Watson war, der diese Sätze mit lauter Stimme am anderen Ende der Leitung sprach. Dabei hatte er den Mund ganz nahe an einer Membrane, die sich den von der Sprache erzeugten Luftschwingungen entsprechend vor einem Elektromagneten hin- und herbewegte.
> Die Erfindung des elektrischen Telephons verdanken wir einem Engländer aus Edinburg, der inzwischen amerikanischer Staatsbürger wurde: Herrn Graham Bell.«

In Boston lauscht eine Gruppe Zuhörer einem Vortrag, den Graham Bell in 25 Kilometern Entfernung hält

Dem Apparat, der Thomsons Bewunderung erregte, fehlte nur die praktikable Form, die Bell ihm aber sechs Wochen später nach vielen Versuchen gab. Am 12. Februar 1877 wurde das Telephon im Essex-Institut in Massachusetts vorgeführt. 600 Personen konnten einer Diskussion zuhören, die im 22 Kilometer entfernten Boston stattfand. Wenn die Sätze auch nur von denen genau verstanden werden konnten, die in der Nähe des Apparates saßen, so war es doch kein Wunder, daß die ganze Welt sich jetzt für das Telefon interessierte.

Seit jenem denkwürdigen Tag sind noch viel größere Entfernungen vom Telephon überbrückt worden. Kürzlich sprach Bell von New York aus mit Professor Watson, der sich 400 Kilometer entfernt in Boston befand. Sie telefonierten miteinander an einem Sonntag, um elektromagnetische Störungen durch Telegrafenleitungen zu vermeiden, die über dieselben Masten liefen. Die Geschwindigkeit, mit der das Telephon Töne überträgt, ist so groß, daß sie kaum meßbar ist.

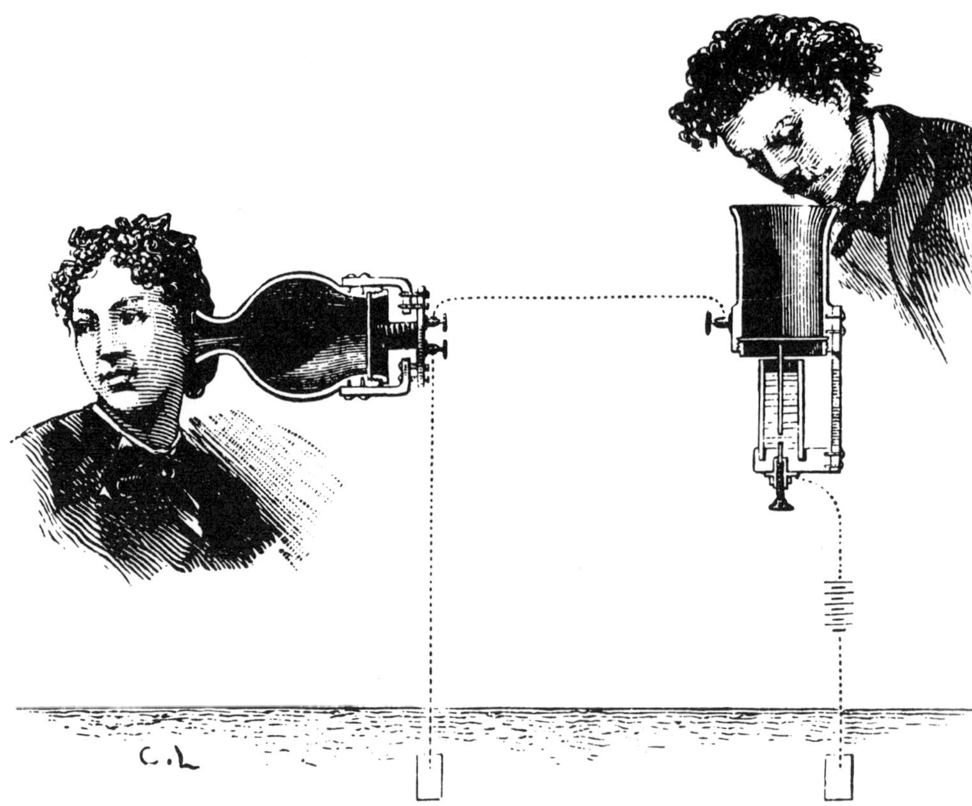

Das Telephon von Elisha Gray

Die Polizei von Chikago hat per Telephon eine Ambulanz für einen im Straßenverkehr verunglückten Mann herbeigerufen. Die Einzelheiten des Unfalls werden telefonisch der nächsten Polizeiwache übermittelt

Festliche Premiere von Grays Musik-Telephon

Das Musiktelephon

New Yorks Musikfreunde wurden vor einigen Tagen Zeugen einer äußerst eindrucksvollen Vorführung, bei der Professor Gray seine Erfindung des Musik-Telephons demonstrierte, das auf dem Gehäuse eines großen Konzertflügels montiert ist.

Das Instrument hat zwei Oktaven und besteht aus sechzehn Metallzungen verschiedener Länge und einer gleichen Anzahl von Elektromagneten. Die Kombination von Metallzungen und Elektromagneten bewirkt den Effekt einer Stimmgabel, der durch den Resonanzboden des Konzertflügels verstärkt und hörbar gemacht wird. Die Vibration der Metallzungen erzeugt in einer Spule, die mit einer Telefonleitung verbunden ist, elektrische Impulse. Über den Telefondraht bringen die Impulse am anderen Ende der Leitung ein genauso konstruiertes Instrument zum Klingen. Es wurde bereits eine in New York gespielte Melodie mit diesem Verfahren nach Philadelphia übertragen, wo ihr eine große Zuhörerschaft lauschen konnte. Der Klang war klar und angenehm.

Hörer und Mundstück von McDermotts Telephon

Telephonische Übertragung eines Blas-Quartetts

Flötentöne per Telephon

Im »Pavillon des Telephones« in der Nähe des Eiffelturms wurde ein leicht abgeändertes Telephon vorgeführt, mit dessen Hilfe die von einem Rohrflöten-Bläserquartett produzierte Musik übertragen werden konnte. Die Telephon-Sprechmuschel ist mit einem Trichter versehen, in den der Musiker sein Instrument hineinsteckt. Jeder Trichter ist durch einen Telephondraht mit fünf Empfänger-Membranen verbunden, auf denen ebenfalls trompetenförmige Trichter stecken. Zwanzig dieser Trichter (für jeden Musiker fünf) sind an einer Stellwand in einem weit entfernten Saal angebracht, wo sich das Publikum die Übertragung anhört.

Lautsprecherwand für telephonische Musikübertragung

Telephonzentrale in New York

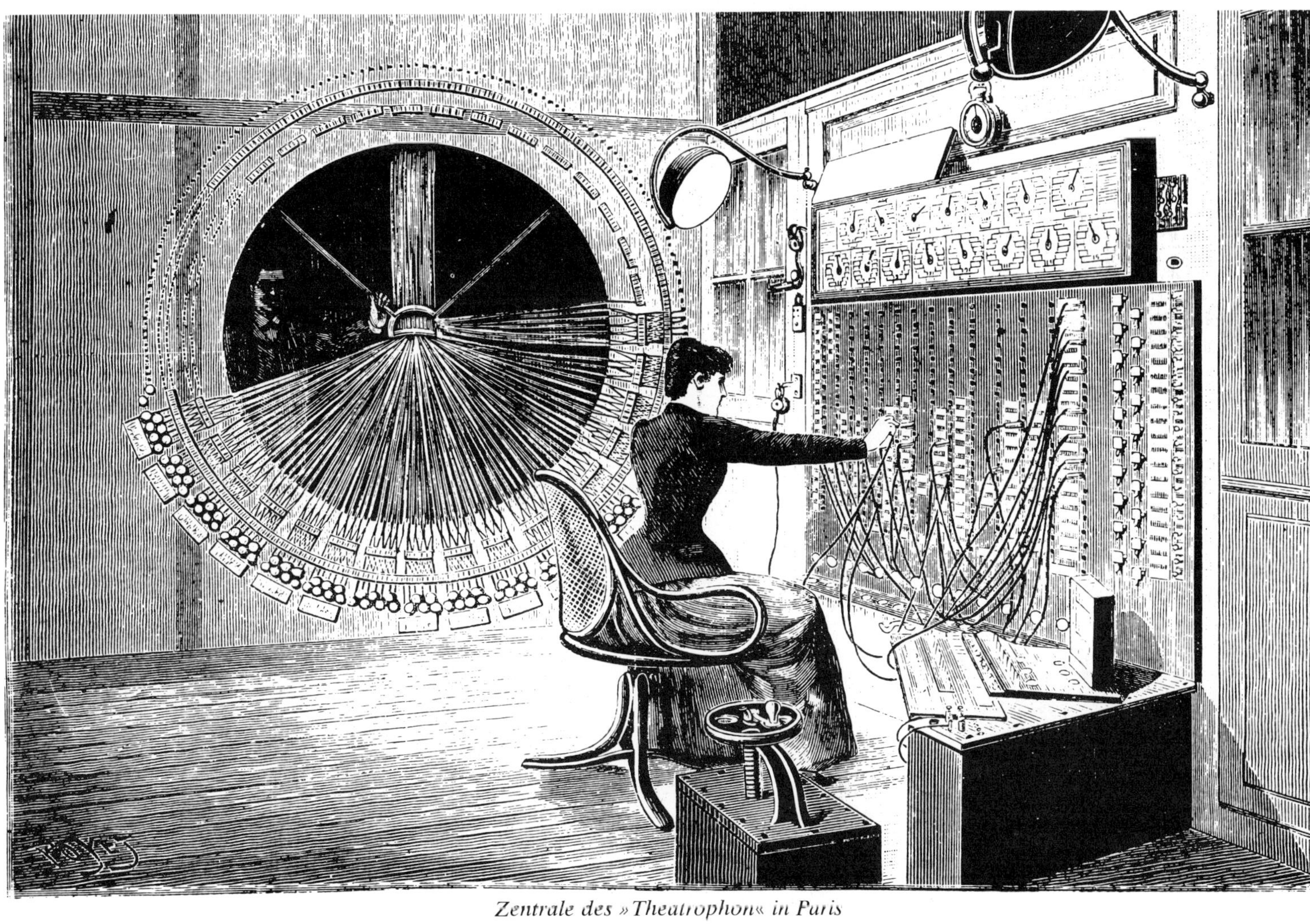

Zentrale des »Theatrophon« in Paris

Musik ins Haus durch »Theatrophone«

Eine Pariser Firma installiert neuerdings »Theatrophone«, mit denen man zu Hause telephonisch übertragene Opern und Konzerte aus den Theatern der Stadt hören kann. Man bestellt beim Fräulein vom Amt das Gewünschte und kann es dann mit Kopfhörer oder über Lautsprecher hören.

Viele Pariser Hotels haben in ihren Salons bereits eine Anzahl von Apparaten aufgestellt, an denen man nach Einwurf eines Franken zehn Minuten lang über Kopfhörer einem Konzert lauschen kann, das gerade in irgendeinem Pariser Konzertsaal stattfindet.

Die Theatrophone-Zentrale liegt in der Rue Louis le Grand, und dort laufen alle Leitungen aus Theatern und Konzertsälen zusammen. Jeden Abend setzt sich eine Telephonistin vor die Schalttafel und stellt die Verbindungen her, die man telephonisch von ihr verlangt. In ganz Frankreich kann sich jeder Telephonbesitzer eine Theater- oder Konzertverbindung herstellen lassen und über einen Kopfhörer oder neuerdings sogar über einen Lautsprecher in den Genuß von Musik kommen, ohne deshalb seine Wohnung verlassen zu müssen.

»Theatrophone« im Salon eines Pariser Hotels

Telephonische Übertragung eines Kammerkonzerts

Zuhörer vor Edisons Lautsprecher-Telephon

Der Fernseher des Herrn Dussaud

Herr Dussaud hat ein Gerät erfunden, mit dem man Bilder auf größere Entfernungen übertragen kann. Durch die Kamera und die Löcher einer sich dahinter zehnmal pro Sekunde drehenden Scheibe wird das Bild auf eine Selenium-Platte geworfen, die an einen Stromkreis und eine Induktionsspule angeschlossen ist (oberes Bild). Über eine Drahtleitung gelangen die Impulse zu einem Empfänger (unteres Bild), wo sie nach demselben Verfahren wieder auf eine Selenium-Platte einwirken. Durch eine sich ebenfalls zehnmal pro Sekunde drehende Loch-Scheibe gelangen die Bildstrahlen in einen Projektor.

Herr Dussaud ist dabei, sein System noch bis zur Weltausstellung 1900 in Paris zu verbessern. Wenn das »Teleoscop« eines Tages so wie das Telephon zum täglichen Leben gehört, werden wir unsere weit entfernten Gesprächspartner nicht nur hören, sondern auch noch sehen können.

Das Teleoskop von Dussaud: Der Sender

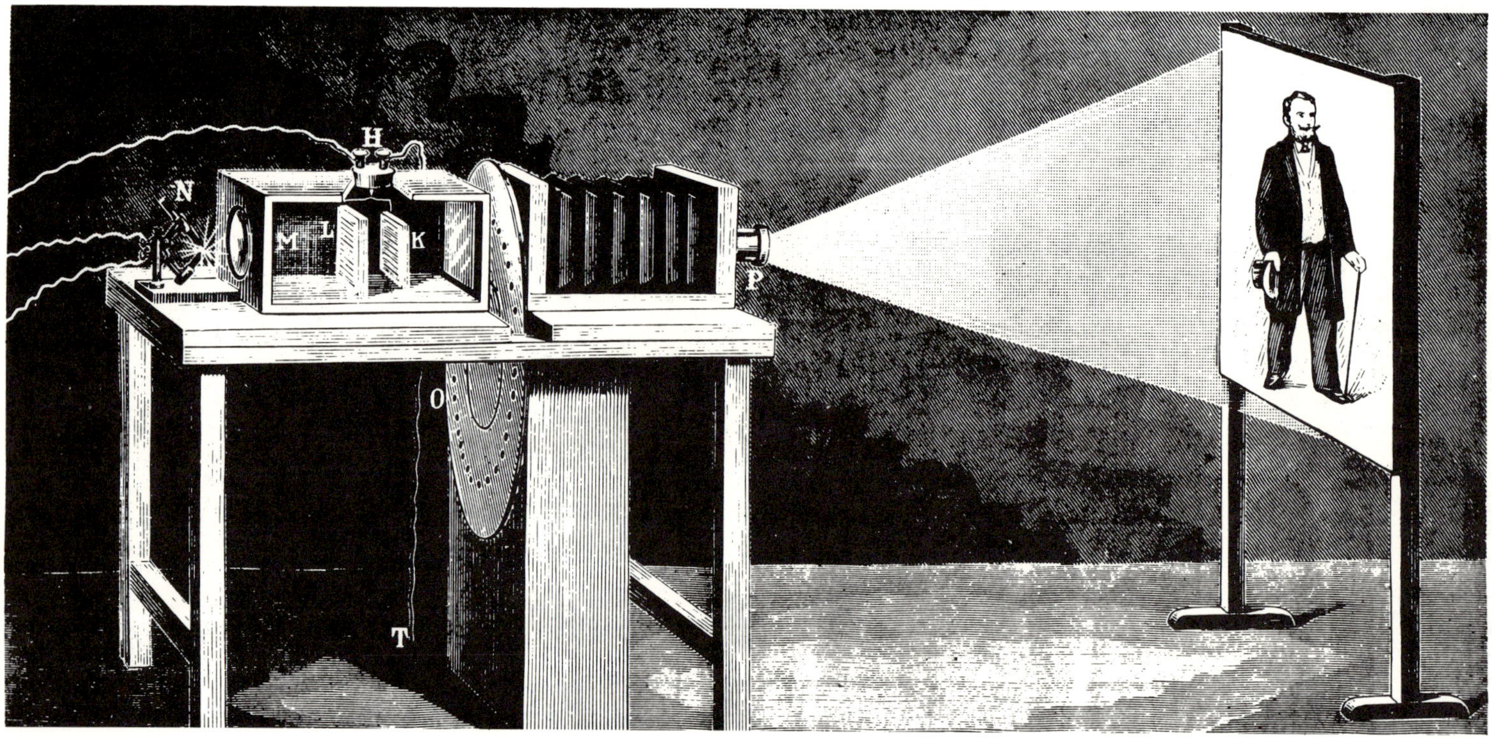

Der Bildempfänger mit Projektor

DIVERSES

Die Spiralmatratze, offen und zusammengerollt.

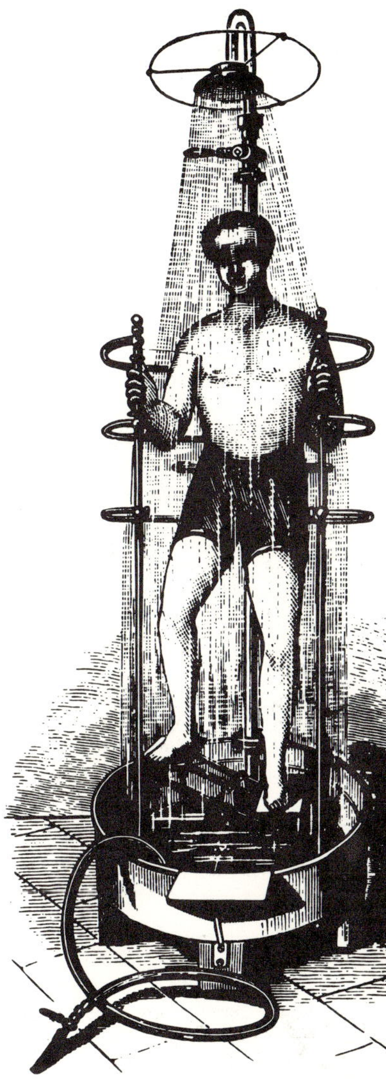

Das Tretbad Bozérians

Für unsere Gesundheit und Lebensdauer ist ein gutes Bett von entscheidender Bedeutung. Die bisher gebräuchlichen, mit Vogelfedern oder Tierhaaren gefüllten Betten waren ein Nährboden für Bakterien. Jetzt hat man eine Matratze erfunden, die aus rund hundert Spiralfedern besteht. Das Ganze wird mit kräftigem Stoff überzogen.

Der Franzose Gaston Bozérian hat eine Dusche konstruiert, bei der das Wasser durch Tretbewegungen des Benutzers hochgepumpt wird. Der so entstehende Kreislauf des Wassers macht ein Duschen mit nur wenig Wasser möglich. Ein Geländer, an dem sich der Duschende festhalten kann, sorgt für Beibehaltung des Gleichgewichts.

Die dritte, ebenfalls der menschlichen Gesundheit dienende Erfindung ist eine Bettdecke, durch die dicht an dicht Gummischläuche gelegt sind. In ihnen fließt sich ständig erneuerndes kaltes Wasser, eine Wohltat im Sommer und bei hohem Fieber.

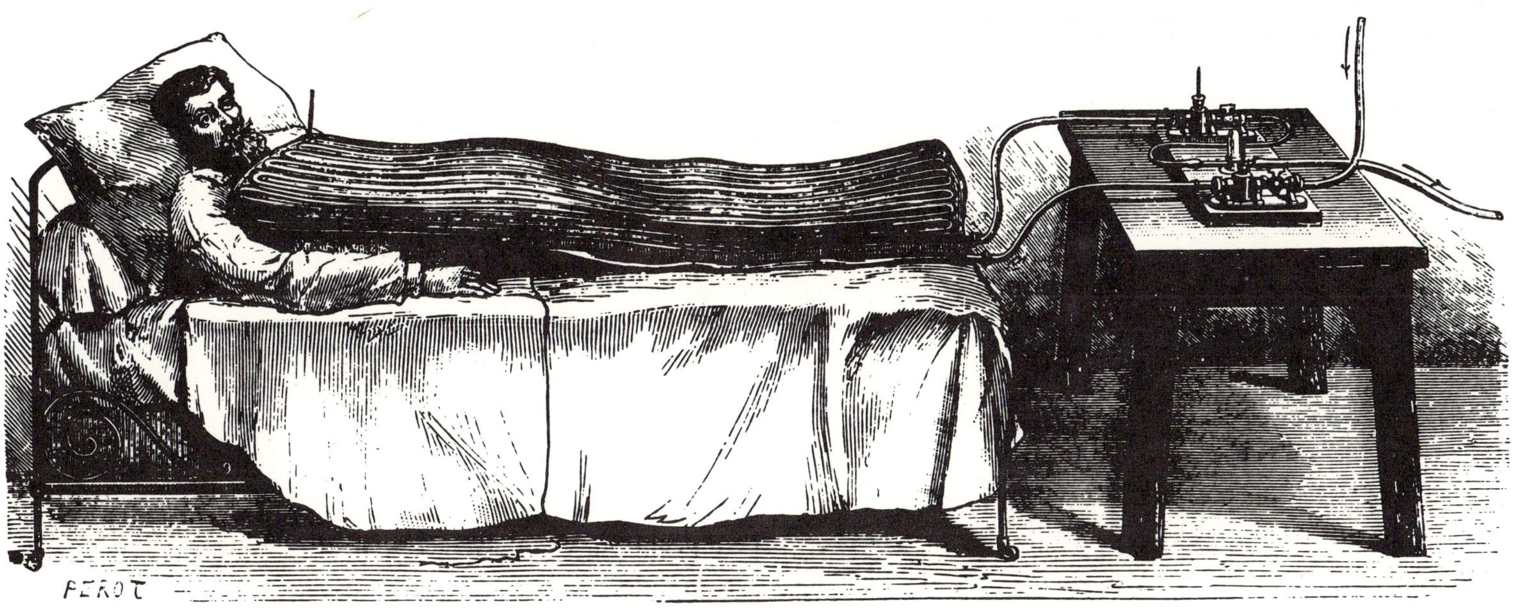

Eine kühlende Bettdecke, an jede Wasserleitung anzuschließen

Erfrischender Schlaf durch automatischen Bettfächer

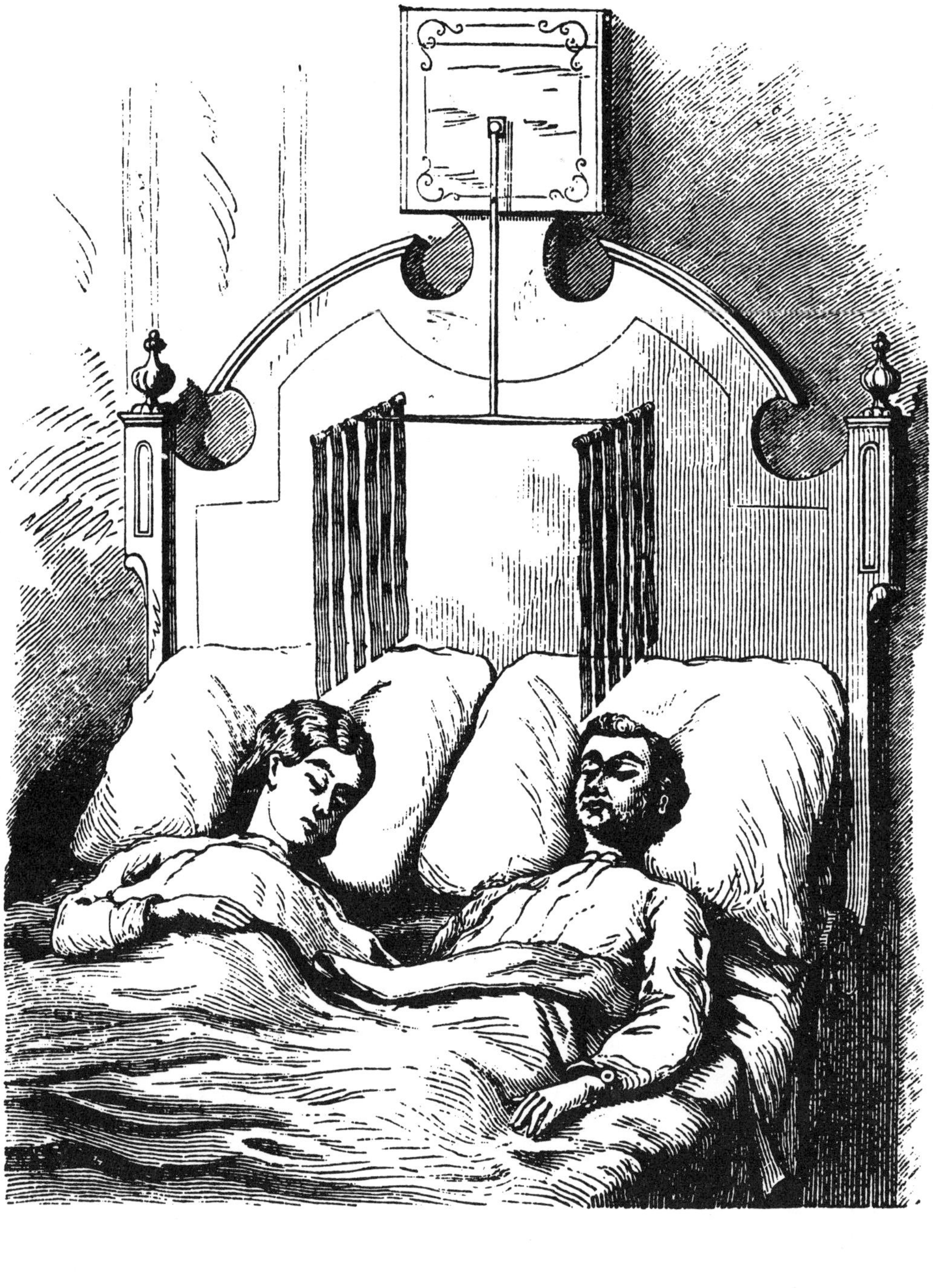

Herr J. R. Williamson aus Louisville (Kentucky, USA) hat ein Gerät erfunden, das in der warmen Jahreszeit für angenehmen und erfrischenden Schlaf sorgt. Es besteht aus einem Uhrwerk, an dessen Perpendikel zwei Querstangen mit Bändern aus leichtem Stoff befestigt sind. Unser Bild zeigt, wie dieser Apparat die Luft über einem schlafenden Ehepaar in Bewegung hält und durch die flatternden Bänder auch Insekten vertreibt.

Die Reisedusche in Betrieb

Die zusammenlegbare Reisedusche

Ebenfalls von Herrn Bozérian stammt diese zusammenlegbare Dusche, die man in einem runden Koffer überallhin mitnehmen kann. Wie unser Bild zeigt, wird das Wasser mit der Hand hochgepumpt. Der mit kleinen Löchern versehene Duschring kann der Größe des Duschenden entsprechend höher oder tiefer gestellt werden, so daß Erwachsene und Kinder aller Größen das Gerät benutzen können.

Die Reisedusche im zusammengelegten Zustand

Türkisches Bad für den Hausgebrauch

Im »British Medical Journal« wurde der Fachwelt eine vereinfachte Form des »Türkischen Bades« vorgestellt, zu dem ja normalerweise drei verschieden temperierte Räume gehören. Der hochmoderne Schwitzkasten hat Räder und ist deshalb leicht transportabel. Auf einem schwenkbaren Gestell (A) ist die Matratze (B) angebracht und der fest schließende Metalldeckel (C). Eine luft- und wasserdichte Schürze (D) kann man um den Hals schließen oder über den Kopf ziehen. Mit dem im Behälter (E) enthaltenen kalten Wasser kann man sich je nach Bedarf besprühen. Unter dem Kopfkissen (F) befindet sich eine gezahnte Schiene (G), die mit einer Kurbel auf- und abbewegt werden kann und die Matratze in die gewünschte Lage bringt. Bei geschlossenem Deckel kann die Innentemperatur mittels des Heizofens (H) binnen zehn Minuten auf 80 Grad Celsius gebracht werden. Die Hitze kann man mit Gas, Öl, Holz oder auch Kohle erzeugen.

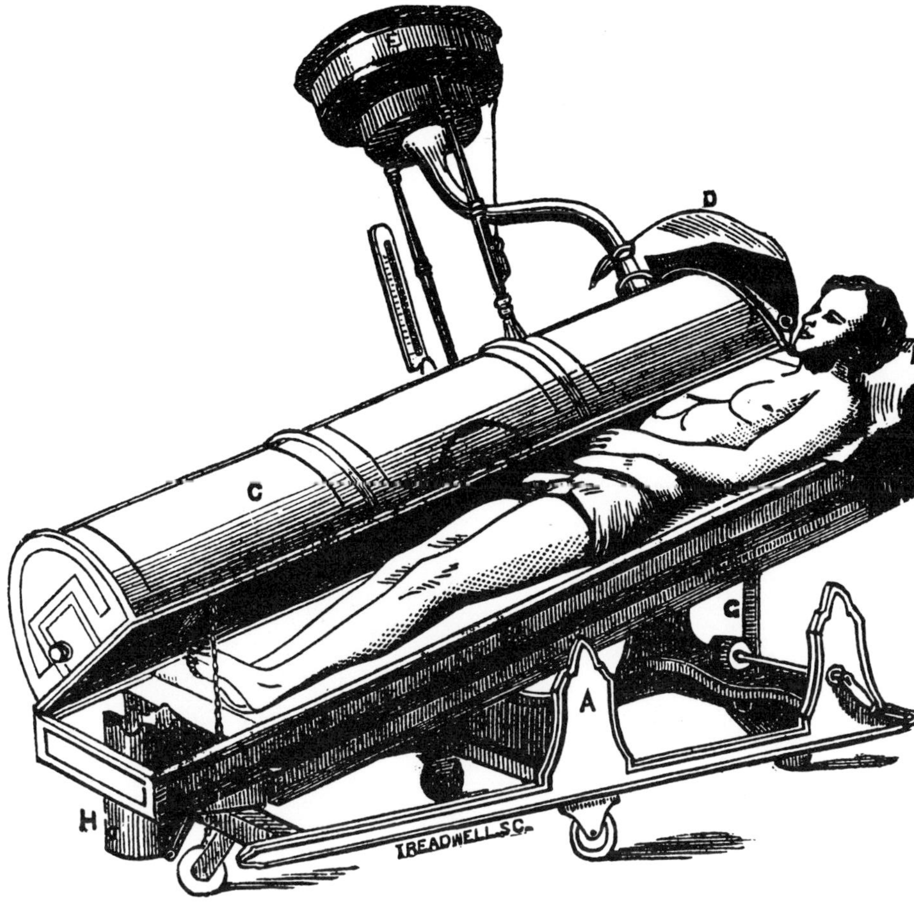

Die Anwendung des schweißtreibenden und dadurch gesundheitsfördernden Gerätes geht folgendermaßen vor sich: Man schließt den Deckel und bringt die Temperatur auf 40 bis 50 Grad. Wenn die Poren sich dann öffnen, verweilt man einige Zeit bei ca. 80 Grad. Den Abschluß bildet eine kalte Dusche aus dem Wasserkasten.

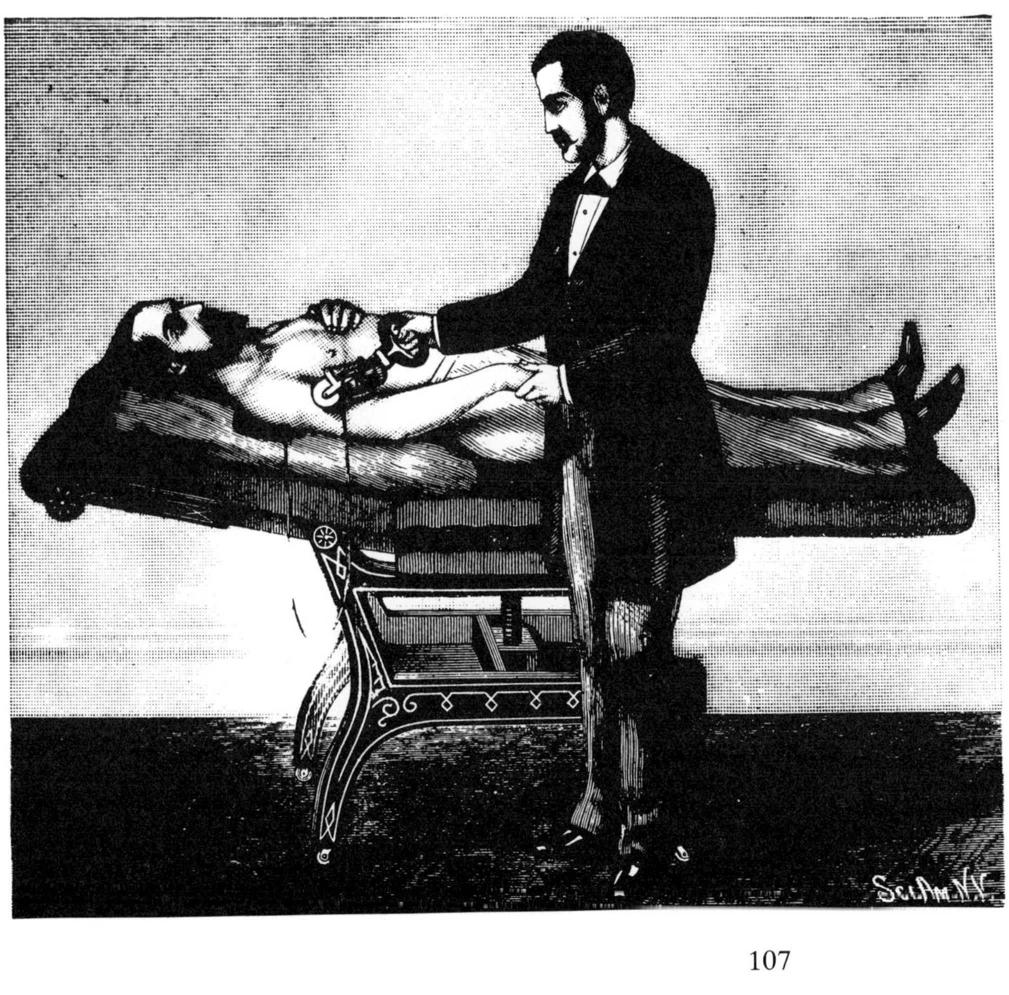

Elektromassage für jedermann

Dr. John Butler aus New York hat ein Elektromassage-Gerät erfunden, das auch von Laien benutzt werden kann. Der Körper des Patienten liegt auf einem kleinen Kissen mit leitender Oberfläche, die über einen Draht mit der Stromstöße vermittelnden Rolle verbunden ist. Die Kombination aus Rollmassage und Strom-Impulsen scheint sich besonders bei Rheumatismus und nervösen Zuständen zu bewähren.

Der Luftkur-Salon im Stahlzylinder. Zur besseren Anschaulichkeit wurde die vordere Hälfte des Zylinders abgenommen

Eine Wohltat für die Atemwege

Der Mailänder Arzt Dr. Carlo Forlianini behandelt seine Patienten mit chemisch-gereinigter Luft, die mit Überdruck in einen wohnlich eingerichteten Stahlzylinder geblasen wird. Der Mediziner versichert, daß durch den erhöhten Luftdruck die feinsten Bronchialgefäße von der reinen Luft erreicht werden und die Atemmuskulatur der Patienten gestärkt wird. Das neue therapeutische Verfahren soll sich auch bei Erkrankungen von Drüsen als wohltätig erwiesen haben.

Ein Inhalationsapparat, den man selber leicht herstellen kann

Eine wirklich erstaunliche Operation

Wir alle wissen, welche ungeheuren Fortschritte die medizinische Wissenschaft in den letzten Jahren gemacht hat und welche an Wunder grenzenden Operationen unseren Chirurgen gelangen. Ganz besondere Erwähnung verdient da ein Eingriff, den der französische Arzt Terrillon bei einem 53jährigen Mann vornahm, der seit Jahren unter Beschwerden in der Speiseröhre litt. Terrillon stellte mittels eines Gummischlauches eine Verbindung vom Magen des Patienten zur Außenwelt her. Dadurch wurde es möglich, daß der Patient ohne Schluckbeschwerden flüssige Nahrung wie Kraftbrühe oder klare Grützsuppe zu sich nehmen kann, die ohne Umwege direkt in den Magen gelangt. Er fühlt sich seit der Operation besser, und es ist nicht mehr zu befürchten, daß er verhungert. Wir wollen hoffen, daß sich seine Beschwerden mit der Zeit bessern.

Ein Gerät, um Gewehrkugeln aufzuspüren

Der tragische Tod des Präsidenten Lincoln hat aufs neue die Aufmerksamkeit auf das von Professor Hughes erfundene Induktionsgerät gelenkt, mit dem man die Kugel im Körper des schwerverletzten Präsidenten zu finden versuchte. Das Gerät besteht aus zwei Glaszylindern, um die oben und unten je eine Spule Kupferdraht gewickelt ist. Von den insgesamt vier Spulen ist von jedem Zylinder je eine mit einer elektrischen Batterie verbunden, die beiden anderen mit einem Telephonhörer und einer Klingel. Wenn der eine Glaszylinder in die Nähe eines Metallstückes kommt, ertönt die Klingel. Bis heute ist das die genaueste Methode, um die Kugel einer Feuerwaffe im menschlichen Körper zu lokalisieren.

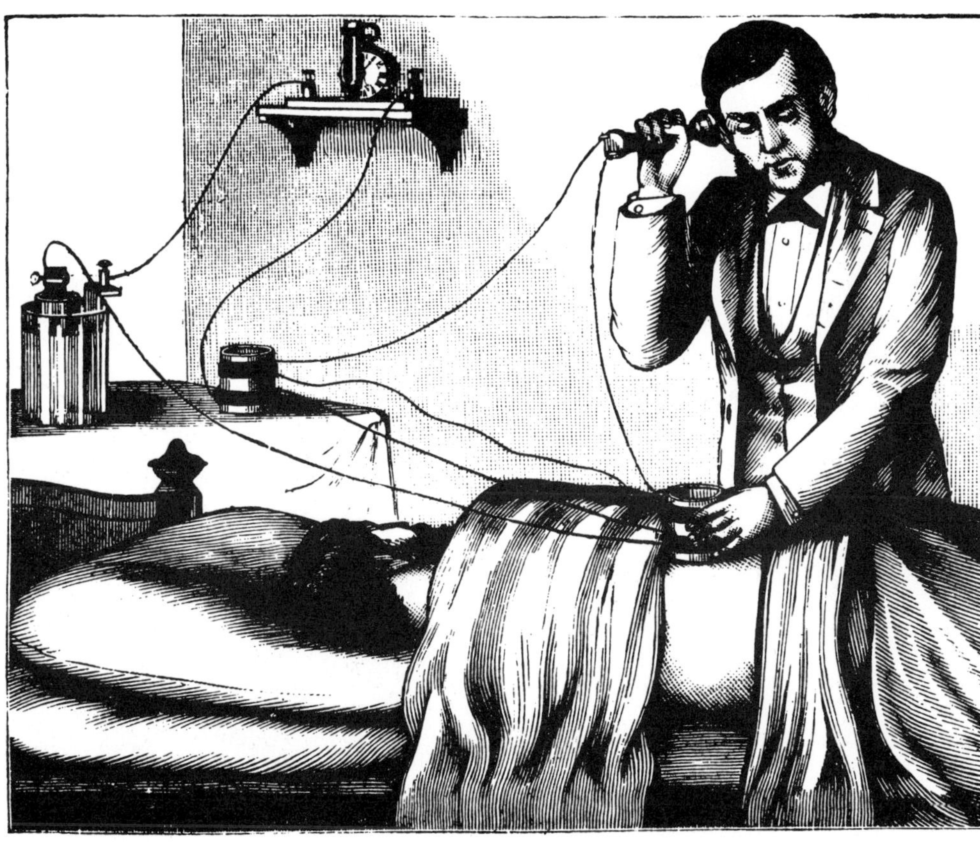

Vom Boden aus wird die am Luftballon hängende Sprengladung zur Explosion und die Wolke zum Regnen gebracht.

Ein Verfahren, um Wolken zum Regnen zu bringen

Mr. Daniel Ruggles aus Fredericksburg (USA) hat sich ein Verfahren patentieren lassen, mit dessen Hilfe man Wolken zum Platzen bringen kann, so daß sie dort herniederregnen, wo man gerade Regen braucht. Das soll so vor sich gehen: Ein an einem dünnen Kupferdraht hängender Ballon trägt eine explosive Ladung an die Wolke heran (Dynamit, Nitroglyzerin, Schießpulver oder Schießbaumwolle), und diese Ladung wird mittels einer am Boden stehenden Batterie gezündet und zur Explosion gebracht. Dadurch reißt die Wolke auf und regnet ab. Eine wirklich zündende Idee.

Die Eisfabrik am Hudson River

Von Tag zu Tag wächst der Bedarf der Menschheit an Eis: Die Metzger und die Fischhändler, die Restaurants und Hotels brauchen immer größere Mengen. Der amerikanische Ingenieur Chauncy A. Sager hat nun eine Dampfmaschine konstruiert, mit deren Hilfe das winterliche Eis des Hudson und der kanadischen Seen in handliche Stükke geschnitten werden kann, die leicht transportabel sind. Die Dampfmaschine steht auf einem Fahrzeug, dessen Räder mit soliden Eisenstiften versehen sind. Sie betreibt zwei im rechten Winkel zueinander stehende Kreissägen, die das Eis in gleichmäßige Blökke zerschneiden. In isolierten Lagerhallen wird das Eis gestapelt und im Sommer in ebenfalls isolierten Waggons abtransportiert. In den Städten hält es dann die Lebensmittel frisch und kühlt die Getränke. Es ist interessant zu wissen, daß jeder New Yorker pro Jahr 650 Kilo Eis verbraucht.

Vorarbeiten für das Eissägen am Hudson. Im Hintergrund die Lagerhäuser

Eine unter dem Rock zu tragende Sitzgelegenheit

Die neue Mode der weitausladenden Tournuren, die über den rückwärtigen Rundungen unserer Damenwelt angebracht sind und im Volksmund »Cul de Paris«, also »Pariser Gesäß« genannt werden, brachte einen Klappstuhlfabrikanten auf eine überraschende Idee: Er will den dort befindlichen Hohlraum benutzen, um ein stets dienstbereites Sitzmöbel unterzubringen. Nebenstehende Darstellung zeigt, wie dieser Stuhl an einem Gürtel hängt, ohne beim Gehen zu stören. Will sich nun die Trägerin nach längerem Spaziergang oder nach längerem Stehen vor Schaufenstern etwas ausruhen, braucht sie sich nur hinzusetzen: Der so raffiniert verborgene Stuhl ist stets am rechten Platz.

Praktisches für Regen und Sonnenschein

Wir zeigen hier auf dem linken Bild einen sehr praktischen, von Herrn Forster entwickelten Schirmverstärker, der das so peinliche Umklappen eines Schirmes bei starkem Wind und bei Regenböen verhindert. Auf dem rechten Bild sehen wir den von Herrn Bartine erdachten Sonnenschirmhut. Das zusammenklappbare Zusatzgerät, das an jedem steifen Hut mühelos angebracht werden kann, wirft einen angenehmen Schatten. Aber auch bei Regen kann das Zusatzgerät sehr nützlich sein.

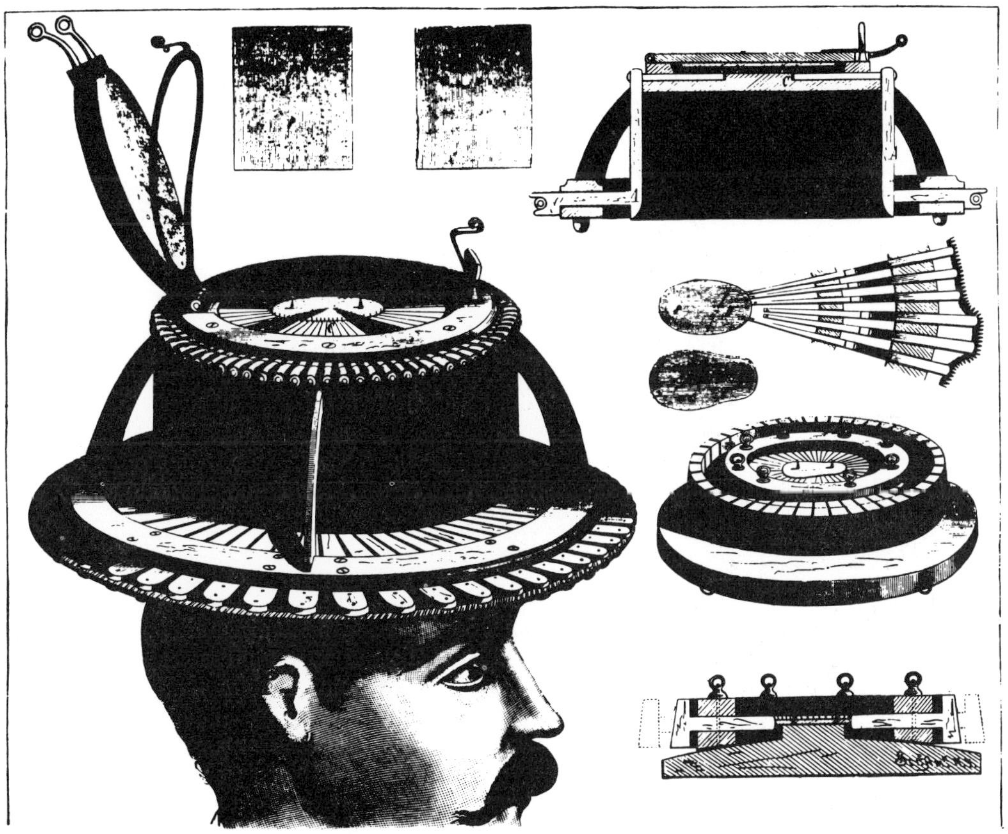

Gut sitzende Hüte durch den Kopf-Maßnehmer

Jeder Herr, der sich einen neuen steifen Hut kaufen will, sei es nun ein Zylinder oder eine sogenannte »Melone«, muß trotz vorherigen Maßnehmens mit einem herkömmlichen Maßband mindestens ein Dutzend Hüte aufprobieren, bis einer paßt. Und auch dann drückt er meistens noch irgendwo, was Kopfschmerzen und Unwohlsein zur Folge hat.

Der Pariser Hutmacher Allie hat nun ein Gerät konstruiert, mit dem man die Kopfform einschließlich jeder Ausbuchtung oder Asymmetrie haargenau aufzeichnen kann. Es besteht aus einem Meß-Hut, in dessen Rand bewegliche Stäbchen angebracht sind, die an den Kopf des Kunden herangeschoben werden. Nach dem Abnehmen des Meßhutes hat man den richtigen Umriß.

Vlamincks Cello-Klavier, davor das kleinere Modell mit Violine

Eine Kombination aus Violine und Piano

Dem Musikprofessor de Vlaminck ist es nach vielen Versuchen gelungen, ein Cello mit Piano-Klaviatur zu bauen. Die linke Hand, die bisher oft unter Schwierigkeiten den richtigen Ton am Cellohals suchen mußte, bedient jetzt gewöhnliche Klaviertasten, während die Rechte mit dem Bogen über die Saiten streicht. Die Tasten sind so konstruiert, daß man sogar ein Tremolo erzielen kann, wenn auf dem Notenblatt der Vermerk »mit Gefühl« ein solches erfordert.

Herr Professor de Vlaminck hat nach demselben Prinzip auch eine Tisch-Violine konstruiert, der wir allerdings keine großen Chancen im Konzertsaal geben. Ein Publikum wird niemals hingerissen sein von einem Geiger, der auf dem Konzertpodium an einem kleinen Tisch sitzt und unelegante Sägebewegungen ausführt. Das Instrument wird nur für den Heimgebrauch geeignet sein.

Eine Violine mit zwölf geheimen Saiten

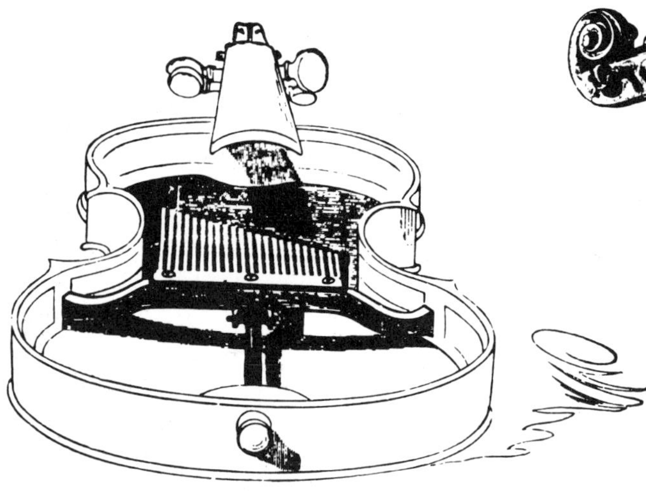

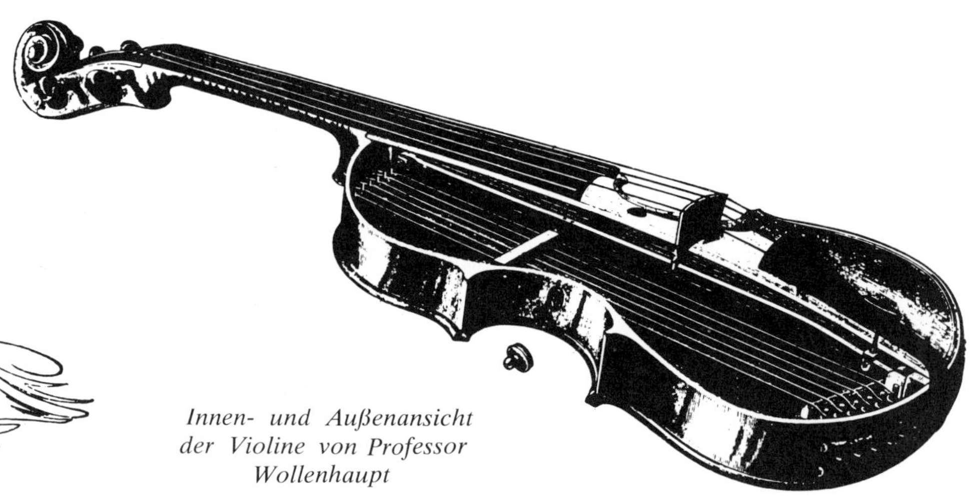

Innen- und Außenansicht der Violine von Professor Wollenhaupt

Herr Professor Bruno Wollenhaupt aus New York hat die Serienherstellung einer neuen Violine in Auftrag gegeben, die mit zwölf zusätzlichen Saiten versehen ist. Diese am Resonanzboden angebrachten Saiten erklingen gleichzeitig mit den üblichen vier Violinsaiten und erhöhen so die Klangfülle des Instruments. Durch eine leichte Kinnbewegung kann der Violinist diesen Klangeffekt ein- oder ausschalten. Bei einer Vorführung in Berlin hat der als »König der Geiger« bezeichnete Professor Joachim das Instrument sehr gelobt. Man kann solche Zusatz-Saiten auch in einem Cello oder einem Kontrabaß anbringen. Aus Musikerkreisen geäußerte Befürchtungen, durch Einführung solcher Instrumente könnten viele Orchestermusiker überflüssig und damit brotlos werden, sind nicht von der Hand zu weisen. Aber wahrscheinlich ist diese verstärkte Geige nur für Solisten geeignet.

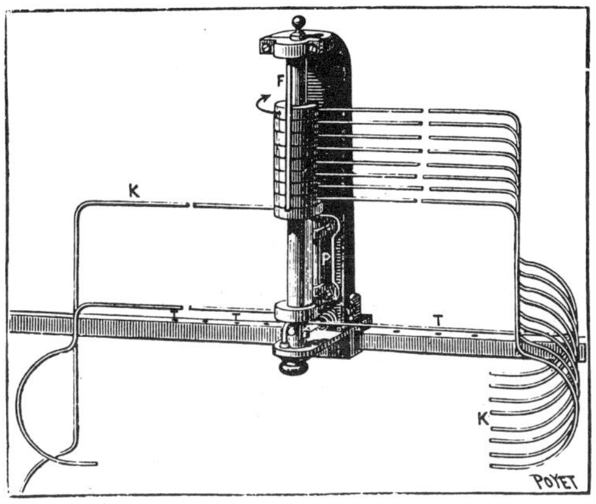

Der komplizierte Mechanismus des Notenumblätterers: Vor Gebrauch müssen die Notenblätter einzeln in die Greifharke K eingelegt werden. Durch Pedalbedienung wird über die Achse F jeweils ein Blatt gewendet.

Wie man mit dem Fuß Noten umblättert

Augustin Lajarrige, ein Mechaniker aus Marseille, hat einen automatischen Notenumblätterer erdacht. Das Gerät wird an das Piano montiert und dreht nach einem kurzen Druck auf ein Fußpedal eine Notenseite um. Ob dieses Patent bei allen klavierspielenden Damen Anklang finden wird, ist zu bezweifeln. Und auch die Kavaliere, denen das Notenumblättern vielerlei Annäherungsmöglichkeiten verschaffte, sind sicher dagegen.

Das selbstspielende Pianoforte

Dieses mechanische Piano ermöglicht auch Nicht-Klavierspielern, jede gewünschte Musik durch Einlegen einer Walze zum Erklingen zu bringen.

Jedes Stanzloch auf der Rolle entspricht einem Ton

Das Einlegen einer Musikwalze in das Patent-Piano

Die Schreibmaschine von Sholes, bedient von seiner Tochter

Macht die Schreibmaschine die Handschrift überflüssig?

Die Remington-Schreibmaschine

Viele Erfinder sind der Überzeugung, daß die alte Methode des Schreibens mit der Hand bald durch die mechanische Wiedergabe von Buchstaben ersetzt werden wird.

Die erste halbwegs brauchbare Schreibmaschine wurde 1865 von einem Amerikaner namens Sholes gebaut. 1877 konstruierte der amerikanische Ingenieur Remington eine Schreibmaschine, die so weit entwickelt war, daß die Leute sie nicht mehr als Notbehelf für Kurzsichtige oder vom Schreibkrampf Befallene ansahen. Inzwischen ist es gar nicht mehr selten, daß Kaufleute oder sogar Privatpersonen so eine Maschine kaufen, um ihre Korrespondenz besser und schneller zu erledigen.

Der »Daktylograph« von Remington hat vierundvierzig Tasten. Man kann mit dieser Maschine nur in großen Buchstaben schreiben. Eine Engländerin, die eine solche Maschine in Paris vorführte, erzielte neunzig Buchstaben pro Minute, also mehr als die doppelte Geschwindigkeit einer geübten Handschrift. Aber der relativ hohe Preis für eine Remington-Schreibmaschine ließ andere Erfinder nach einer einfacheren Lösung suchen.

Die Einfachst-Schreibmaschine für jedermann

Die erste Primitiv-Schreibmaschine für bescheidene Ansprüche und zu wohlfeilem Preis wurde von der Firma Herrington hergestellt. Hauptbestandteil dieses Schreibgerätes ist ein Rad, auf dessen Außenrand die 26 Buchstaben des Alphabets, die Zahlen 1 bis 9 und die wichtigsten Satzzeichen aufgesetzt sind. Wenn man an diesem Rad dreht, werden die Buchstaben an einer mit Tinte getränkten Walze vorbeigeführt, die sie einfärbt. Man dreht den gewünschten Buchsta-

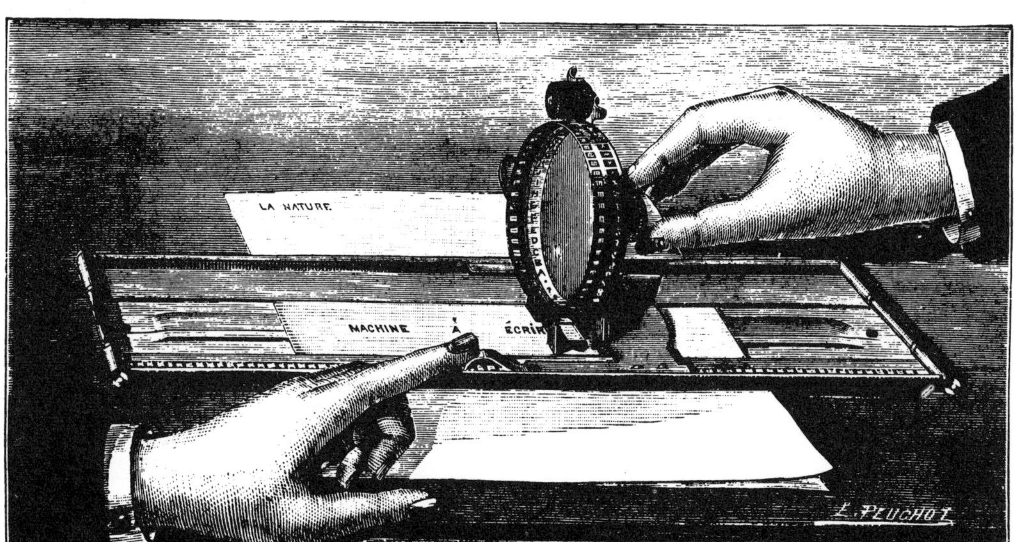

Herringtons Schreibmaschine

ben so, daß er sich senkrecht über dem Papier befindet. Dann drückt man das Rad kräftig nach unten, schon befindet der Buchstabe sich auf dem Papier, und man kann mit dem linken Zeigefinger die Schiene mit dem darauf befestigten Papier um eine Buchstabenlänge weiterschieben.

Nach einem ähnlichen Prinzip funktioniert die Columbia-Schreibmaschine. Sie ist etwas solider und weniger primitiv als die Herrington-Maschine. Das Rad mit den Druckbuchstaben ist als Kegelzahnrad mit einem Zeiger verbunden, der auf einer horizontalen Scheibe denjenigen Buchstaben anzeigt, der in Abdruck-Position steht. Durch einen Knopfdruck wird er auf das Papier gebracht. Gleichzeitig wird das Papier automatisch um eine Buchstabenlänge weitergeschoben, während man den nächsten Buchstaben in Stellung bringt. Nach einiger Übung läßt sich eine beachtliche Schreibgeschwindigkeit erreichen. Wenn es mit der Hand auch schneller gehen mag – die Lesbarkeit ist bei Benutzung der Maschine auf jeden Fall besser.

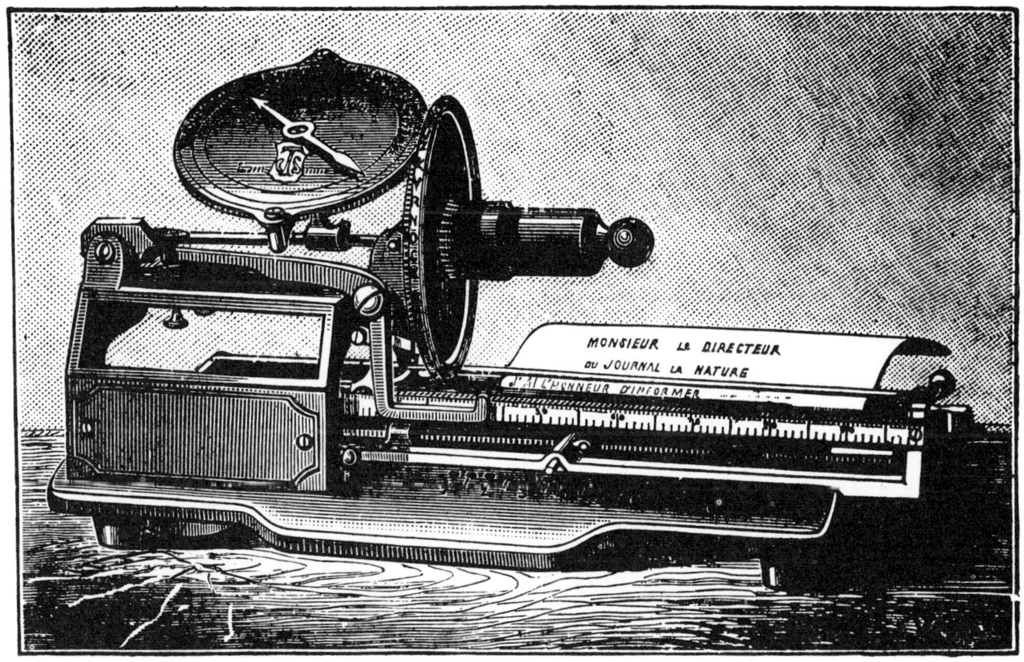

Die »Columbia«-Schreibmaschine

Der langsame, aber sichere Schnellschreiber

Dieses Schreibgerät hat große und kleine Buchstaben und sogar Satzzeichen. Der Erfinder, Herr Eggis, weist darauf hin, daß man mit seiner Maschine praktisch alles schreiben kann. Die Bezeichnung »Velograph«, also »Schnellschreiber«, scheint uns allerdings etwas übertrieben. Man braucht Geduld und viel Zeit.

Die Stenographiermaschine

Diese Maschine ist einfach, klein und solide. Sie wiegt nicht viel mehr als ein Opernglas. Ihre Tasten sind so angeordnet, daß man eine ganze Silbe gleichzeitig anschlagen kann, wenn man die Maschine mit allen zehn Fingern betätigt. Durch Überspringen der häufigsten Buchstaben kann man eine Art Schreibmaschinen-Kurzschrift erzielen. Die »Stenographie-Schreibmaschine« von Anderson hat eine Reihe von Buchstaben völlig weggelassen. Nach etwa sechs Wochen Übung soll man in der Lage sein, bis zu hundert Worte pro Minute zu schreiben.

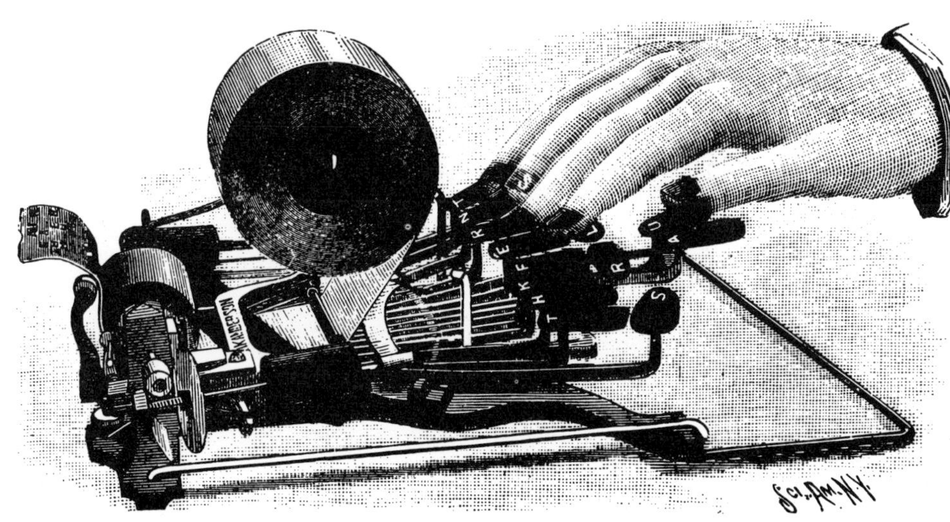

Eine Taschen-Schreibmaschine

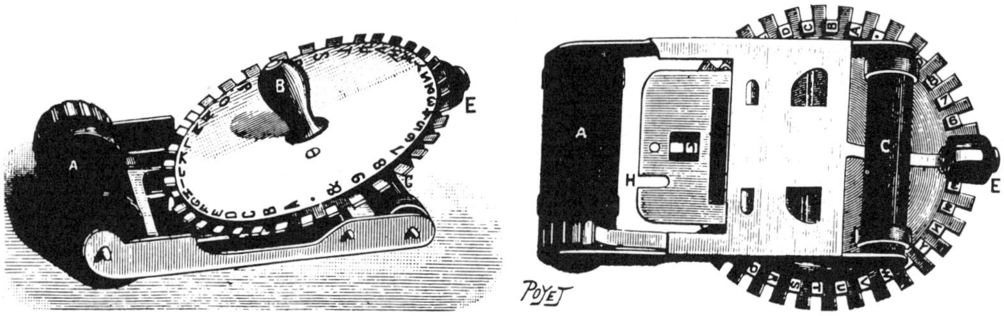

Die Miniatur-Taschen-Schreibmaschine, von oben und von unten gesehen

Der »Taschendrucker« ist wahrscheinlich die kleinste Schreibmaschine der Welt. Die Gummibuchstaben sind am Rande einer gezahnten Metallscheibe angebracht. Das zu bedruckende Papier wird durch Handdruck auf die Walze A festgehalten. Durch Drehung des Handgriffes B bringt man den gewünschten Buchstaben vor ein Fensterchen über dem Papier und drückt. Der vorher von der kleinen Farbwalze E mit Tusche eingefärbte Gummibuchstabe erscheint auf dem Papier. An Schnelligkeit kann es dieser Taschendrucker natürlich nicht mit den größeren Geräten aufnehmen, aber man sollte nicht vergessen, das er fünfzigmal billiger ist.

Die Grandall-Schreibmaschine. *Rechts der Zylinder mit den Schriftzeichen*

Eine der interessantesten Schreibmaschinen-Konstruktionen ist die von Grandall, bei der 84 Schriftzeichen in sechs Reihen auf einem Metallzylinder angebracht sind. Wenn man eine Taste anschlägt, dreht der Zylinder den gewünschten Buchstaben vor das Papier, druckt ihn ab und kehrt dann in die Ausgangsstellung zurück.

Bei der Schreibmaschine von Hammond sind die Buchstaben auf zwei Halbzylindern angebracht. Der »Wagen« bewegt sich am Ende jeder Zeile automatisch zur nächsten Zeile, den Abstand kann man verschieden groß einstellen.

Vielleicht hat bald jede kultivierte Familie neben der Nähmaschine auch eine Schreibmaschine.

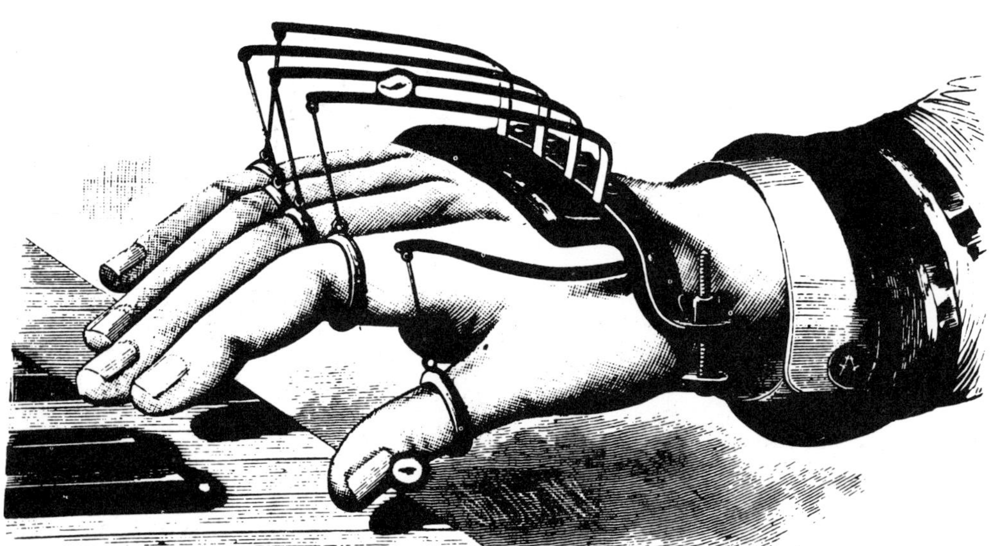

Der Finger-Stützer von Atkins

Der Finger-hochhalter

Herr Benjamin Atkins aus Cincinnati (USA) hat sich kürzlich ein Instrument patentieren lassen, das die Finger eines Pianisten stützen und bis zum zweiten Gelenk in horizontaler Lage halten soll. Mit dem Gerät wird ein besserer Anschlag und größere Fingerschnelligkeit bezweckt. Das Instrument könnte auch das Schreiben an der Schreibmaschine erleichtern. Wir möchten allerdings auf die Gefahr hinweisen, daß die Befestigung am Handgelenk mittels einer Schraubzwinge sehr leicht den Blutkreislauf der Finger unterbinden könnte.

Die mit Sonnenenergie betriebene Druckpresse

Der Ingenieur Abel Pifre führte in Paris eine Dampfmaschine vor, deren Wasser in einem Zylinder in der Mitte eines Hohlspiegels von Sonnenstrahlen erhitzt wird. Mit der so entstandenen Energie wurde eine Druckpresse betrieben. Auch für andere Zwecke könnte so eine Dampfmaschine in sonnigen Gegenden sehr nützlich sein.

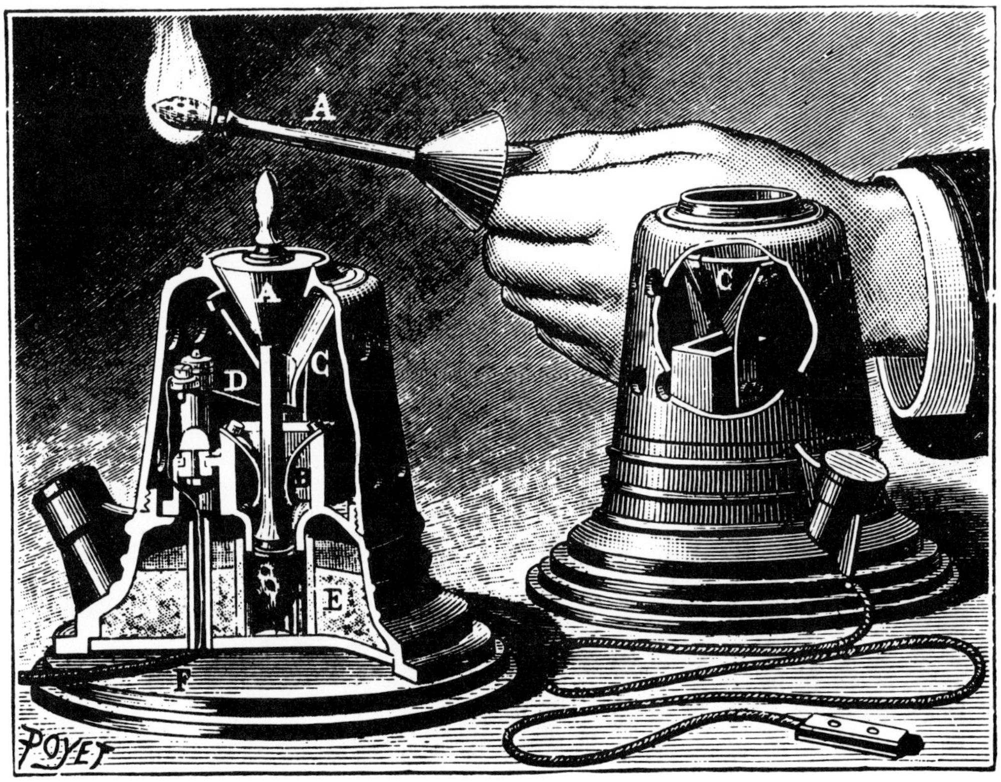

Querschnitt durch Délostals elektrischen Feueranzünder

Das erste elektrische Feuerzeug

Diese Erfindung von Herrn Délostal besteht aus einer Glocke, in deren Boden sich eine brennbare Flüssigkeit befindet, mit der die baumwollumwickelte Spitze eines hineingesteckten Stäbchens getränkt wird. Beim Herausziehen des Stäbchens wird die Spitze durch einen elektrischen Funken entzündet.

Rettung aus Feuersnot

Die modernen Häuser mit mehreren Etagen und engen Korridoren ohne Notausgänge sollten mit Rettungsgeräten ausgestattet werden, die den Bewohnern im Falle eines Brandes schnelle Rettung ermöglichen. Herr John M. Lescale hat eine sehr stabile Maschinerie konstruiert, die man in jedem Zimmer, ja, selbst im Salon aufstellen kann, ohne daß sie das Auge beleidigt. Sie kann in Form eines stilvollen Schrankes oder eines Vertikos geliefert werden, der unten mit kleinen Rädern versehen ist. Im Falle eines Brandes schiebt man das Gerät ans Fenster. Nachdem man den Schwenkarm herausgekippt hat, setzt sich die vor dem Feuer flüchtende Person in die Schlinge des Seils, das auf der Rolle B aufgewickelt ist. Dabei packt sie ein zweites Seil, das mit dem Bremssystem C-D-E-F verbunden ist. Nur wenn man an diesem Seil zieht, kann sich das andere Seil mit dem Gewicht der Person nach unten bewegen. Nach der Ankunft am Boden kann sofort der nächste Bewohner mit einem anderen Seil folgen, wobei das erste automatisch wieder hochgezogen wird und den nächsten retten kann. So wird es möglich, daß in kürzester Zeit viele Leute die oberen Etagen des brennenden Hauses verlassen.

Lescales automatisches Rettungsgerät

Ein ganz besonders einfaches Hilfsmittel zum sicheren Abseilen bei Wohnungsbränden

Ein patentiertes Mundstück

Herr Charles Oyston aus Little Falls (USA) hat ein Spritzmundstück erfunden, das bei genügendem Wasserdruck das Wasser in aufeinanderfolgenden Kegeln in die Flammen schleudert. Dadurch wird eine weit größere Flächenwirkung erzielt als bei den herkömmlichen Schlauchmundstücken. Nebenstehend das Mundstück im Detail.

Oystons Schlauchmundstück

Ein Feuerlöscher mit Elektromotor

Paulys dreifache Rettungsleiter

Warme oder kalte Luft, je nach Bedarf

Das Heizungs- und Lüftungssystem von MacLeod

Die amerikanische MacLeod Pneumatic Company mit Sitz in New York hat vorgeschlagen, große Gebäude mit einem neuartigen Heiz- und Lüftungssystem auszustatten. Das Neuartige an diesem System besteht darin, daß es nicht mit heißem Wasser oder Dampf betrieben wird, sondern mit Luft, die im Winter erhitzt und in der warmen Jahreszeit mit Wasser gekühlt wird. Zu diesem Zweck wird im Mittelpunkt des Gebäudes ein Heizkessel installiert. Er erhitzt die Luft, die dann durch kreuz und quer verlegte Röhren läuft und die Wärme an die Räume abgibt, und zwar durch Trichter, die wie eine Dusche an einem Schlauch befestigt sind. Die Stärke des Luftstromes kann reguliert werden. Im Sommer läuft kaltes Wasser durch den Kessel und kühlt die Luft in Röhren und Schläuchen.

Eine Maschine für Bildhauer

Herr M. Dulin, Fabrikant religiöser Plastiken in Paris, hat eine elektrisch betriebene Maschine zum Herstellen von Statuen konstruiert. Die Maschine funktioniert nach dem Prinzip des Pantographen, mit dem man Zeichnungen maßgerecht kopiert. Rechts im Bild auf der gegenüberliegenden Seite sieht man den Bildhauer mit einem Spezialgerät die Umrisse eines Modells abtasten. Über ein Gestänge wird jede Bewegung auf einen elektrisch angetriebenen Meißel übertragen. Wenn also der Bildhauer mit seinem Abtaster in eine Vertiefung am Modell hineinfährt, bohrt gegenüber der Meißel dieselbe Vertiefung in den Marmor oder sonstiges Material. Es muß natürlich darauf hingewiesen werden, daß diese Maschine nur zum Kopieren eines vorhandenen Bildwerkes dienen kann. Selbstschöpferisch tätig werden kann sie keinesfalls. Man kann aber mit ihr ganze Serien besonders gut und preiswert verkäuflicher Plastiken herstellen, und das ist ja die Absicht des Herrn Dulin.

Neue Heimtrainingsgeräte zur Körperertüchtigung

Nicht jeder hat die Zeit, sich täglich zur körperlichen Ertüchtigung hinaus in die Natur zu begeben, um dort zu reiten oder andere Sportarten auszuüben. Für Leute, die trotz knapper Zeit ihrem Körper Bewegung verschaffen möchten, hat eine rührige Industrie die verschiedensten Geräte konstruiert, die man im eigenen Heim aufstellen und zur Körperertüchtigung für die ganze Familie benutzen kann. Besonders beliebt sind in der Herrenwelt Geräte wie der nebenstehend abgebildete Gewichtziehapparat, der Bizeps und Bauchmuskulatur kräftigt. Die Damen ziehen Reit- und Gymnastikapparate vor, die den Blutkreislauf fördern. Zwei davon auf der nächsten Seite.

Das mechanische Pferd für den Morgenritt im Zimmer

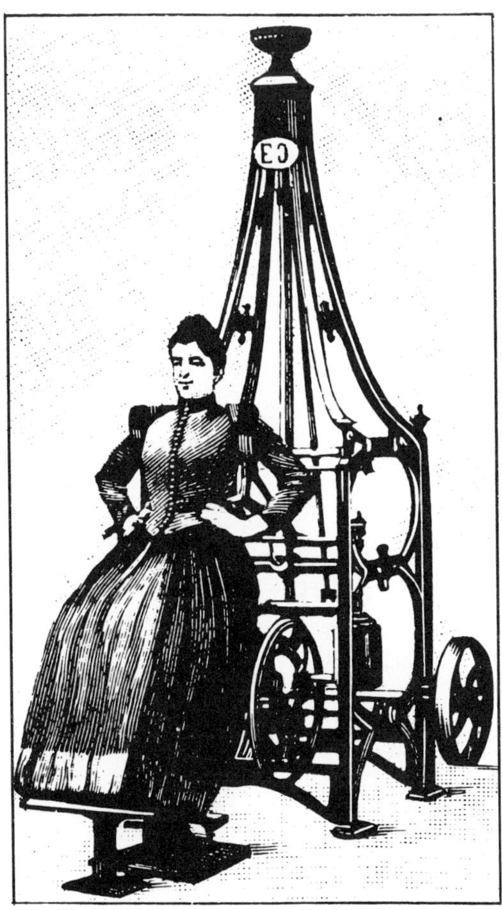

Ein Gymnastik-Gerät, das den Körper in wohltuende Bewegung versetzt

Eine überzeugende Schwimmwesten-Erklärung

Es ist außerordentlich wichtig, daß den Passagieren eines Schiffes immer wieder vor Augen gehalten wird, wie man im Ernstfalle eine Schwimmweste richtig anlegt. Das wird leider häufig vernachlässigt, woraus sich im Falle eines Schiffbruches fatale Konsequenzen ergeben können. Herr C. C. Delhommer, ein Amerikaner, hat nun einen Wasserspender in Gestalt einer Dame mit korrekt angelegter Schwimmweste entworfen. Da alle Passagiere notwendigerweise mehrmals täglich diesen Wasserspender aufsuchen müssen, um sich Trinkwasser zu holen, sehen sie bei dieser Gelegenheit regelmäßig, wie sie im Notfall die Schwimmweste anlegen müssen, wenn sie ihren Zweck erfüllen soll.

Der Siegeszug der Automaten

Im Augenblick werden wir von Automaten aller Art überschwemmt. Wenn das so weitergeht, werden bald alle Tätigkeiten von Automaten ausgeübt, die gegen Einwurf eines großen oder kleinen Geldstückes jedermann zu Diensten sind. Der Mensch wird seine Hände vielleicht bald nur noch gebrauchen, um Automaten herzustellen. Aber vielleicht erfindet man eines Tages Automaten, die selber Automaten fabrizieren.

Wohin man auch tritt, stößt man auf Automaten, sei es nun ein Wiege-Automat, ein Schokoladen-Automat oder ein Musik-Automat, der gegen eine Münze populäre Walzer von sich gibt. Auf der Amsterdamer Weltausstellung werden jetzt gerade die verschiedendsten Automaten-Typen ausgestellt, einer komischer als der andere. Es gibt Getränke-Automaten, gackernde Blechhühner, die mit Bonbons gefüllte Blecheier legen, kleine Automaten-Mädchen, die ein Tablett mit einer Auswahl an Schokolade präsentieren, wenn man ihnen einen Penny opfert. Aber das Staunen der Besucher erreicht seinen Höhepunkt, wenn ein Automat innerhalb von drei Minuten ein naturgetreues Abbild desjenigen liefert, der einen Schilling in den Schlitz steckte. Das ist eine so amüsante und überraschende Neuheit, daß nur wenige Besucher der Versuchung widerstehen können, sich vor diesen Apparat zu setzen und dann ihr Porträt wohlverpackt heimzutragen. Man braucht nur zwei Sixpence-Münzen einzuwerfen, dann hört man ein Brummen aus

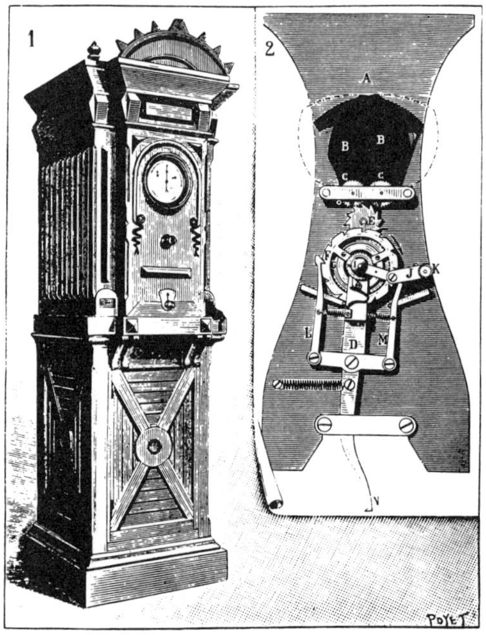

Ferrers Porträt-Automat

Das Innere des Porträt-Automaten

Warmwasser-Automat in Paris

den Tiefen der Maschine, ein Minutenanzeiger dreht sich auf einem Zifferblatt, und wenn drei Minuten um sind, fällt einem das schön gerahmte Porträt in den Schoß. Nach Einbruch der Dunkelheit arbeitet der Automat mit Magnesiumblitz.

Ein Automatentyp, dem wir leider nur geringe Erfolgschancen einräumen können, wurde kürzlich in Paris versuchsweise in Betrieb genommen. Es handelt sich um einen Warmwasser-Automaten, der im Sockel einer der neuerdings immer zahlreicher werdenden Plakatsäulen untergebracht ist. Nach Einwurf einer Münze läßt der Automat zehn Liter heißen Wassers in mitgebrachte Kannen oder Eimer laufen. Die Mechanik des automatischen Wasserhahn-Öffners und Schließers kann der Leser der Detailzeichnung auf der gegenüberliegenden Seite entnehmen.

Für Junggesellen, die keinen eigenen Herd zur Verfügung haben und sich gerne mal warm und gründlich waschen wollen, mag diese Einrichtung ihre Vorteile haben, zumal, wenn man in der Nähe wohnt. Aber für diese Benachteiligten gibt es in Paris schon seit einiger Zeit florierende Unternehmen, die gegen ein bescheidenes Entgelt ein warmes Bad einschließlich Leihwanne in die Wohnung bringen.

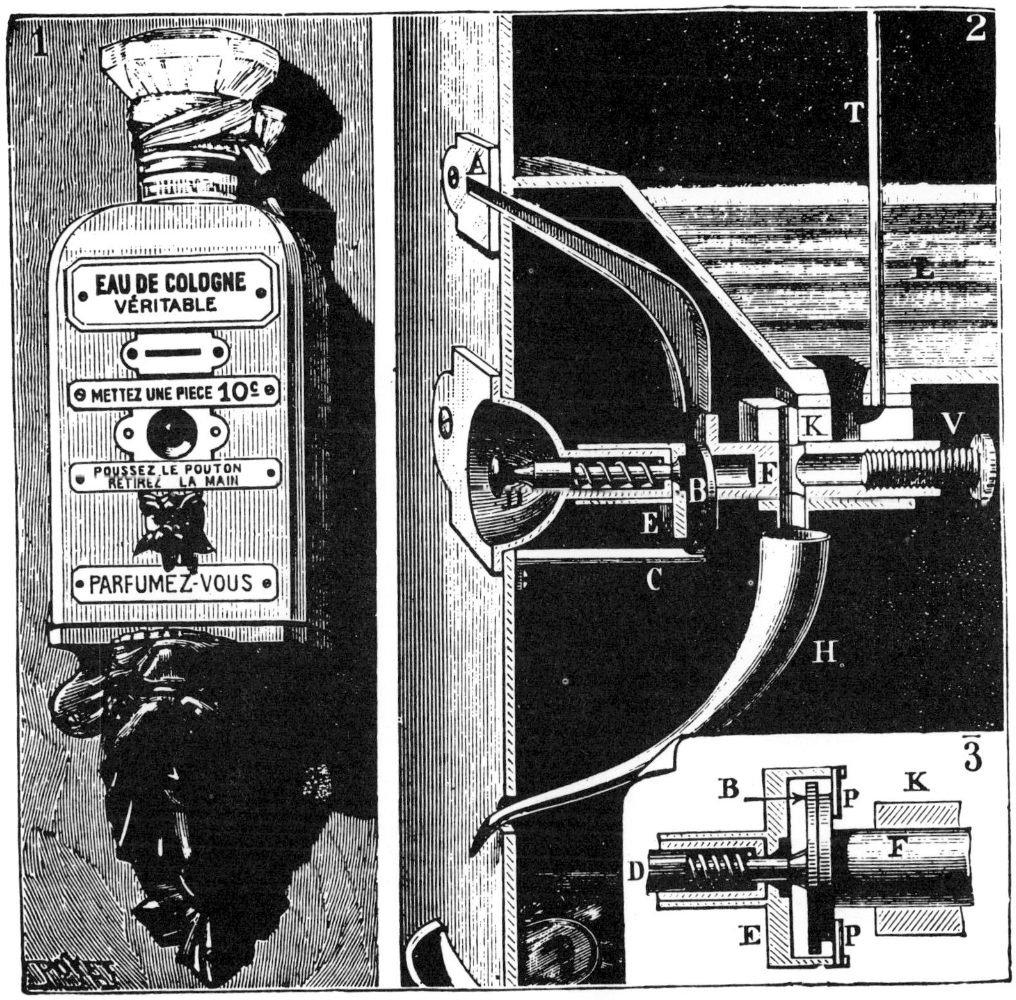

Ein Parfum-Zerstäuber-Automat

Elektrischer Schokoladen-Automat

Das Innere des Schokoladen-Automaten

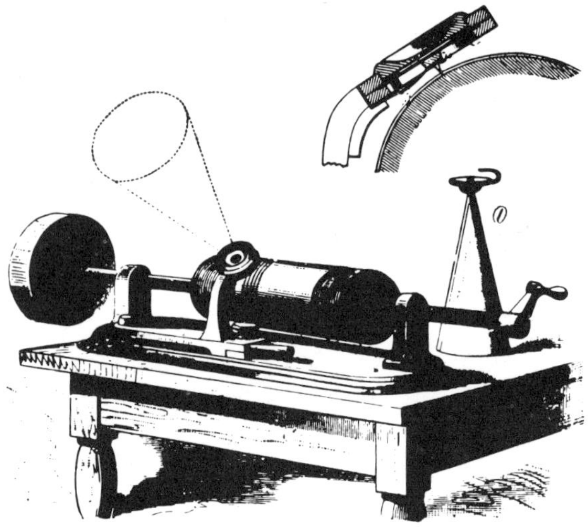

Die Sprechmaschine Edisons
Der Abtast-Arm mit der Ton-Nadel

Der Erfinder mit seinem Phonographen

Edisons Sprechmaschine

Im Dezember 1877, also vor nunmehr zehn Jahren, kam ein junger Mann in die Redaktion des »Scientific American«. Er zeigte den Anwesenden einen einfachen, von ihm erfundenen Apparat, den er erst am Vorabend fertiggebastelt hatte. Nach einer kurzen Erklärung drehte der Besucher an einer Kurbel, und zum allgemeinen Erstaunen sagte der Apparat laut und deutlich: »Guten Tag, wie geht es ihnen? Und wie gefällt Ihnen der Phonograph?« So stellte die Erfindung sich selber vor: Der Phonograph, die Sprechmaschine.

Der junge Mann war Thomas Alva Edison, bekannt durch viele erfolgreiche Erfindungen. Die Nachricht von dieser Wundermaschine gelangte schnell nach Europa, wo aber niemand an einen Apparat glauben wollte, der eine Stimme aufzeichnen und wiedergeben konnte. Man hielt das für einen typischen amerikanischen »Bluff«. Edison schickte daraufhin seinen Repräsentanten Puskas nach Paris, damit er den Apparat den Mitgliedern der Akademie der Wissenschaften vorführte.

Als Saal und Galerie bis auf den letzten Platz gefüllt waren, sprach Puskas mit lauter Stimme und starkem englischem Akzent in den Trichter des Gerätes die Worte: »Der Phonograph entbietet der Akademie der Wissenschaften seine ehrerbietigsten Grüße!« Wenige Sekunden später hörte das Auditorium in atemlosem Schweigen dieselben, nunmehr vom Phonographen wiedergebenden Worte, mit genau denselben Modulationen in der Stimme und demselben englischen Akzent. Die auserlesene Gesellschaft brach in spontanen Beifall aus. Puskas wurde aufgefordert, das Experiment zu wiederholen. Der Amerikaner sprach etwas Neues in den Trichter, und zwar diesmal eine Frage und gleich die Antwort dazu. Die Maschine wiederholte: »Monsieur Phonographe, sprechen Sie Französisch?« – »Oui, Monsieur!« Die Worte klangen jetzt anders, als sie von Puskas gesprochen worden waren, das Publikum wurde mißtrauisch und vermutete einen Schwindel. Aber die im Klang untergehende Stimme war eine Folge davon, daß die Kurbel zu langsam gedreht wurde. Der Präsident der Akademie wurde dann gebeten, selber einige Worte in den Trichter zu sprechen. Er sagte mit klarer und lauter Stimme: »Die Akademie dankt Herrn Edison für seine interessante Vorführung.« Der Phonograph wiederholte das laut und deutlich.

Das Protokoll dieser Sitzung berichtet, daß nun ein ungeheurer Tumult losbrach und daß der Präsident alle Mühe hatte, die Ruhe wiederherzustellen.

Diese Vorführung trug viel dazu bei, daß der Phonograph Edisons schnell zu Weltruhm gelangte. Wo der Apparat auch vorgeführt wurde, überall wurde er vom Publikum bejubelt.

Besucher der Pariser Weltausstellung von 1889 lauschen dem Phonographen

Edisons Phonomotor

Herrn Edison ist es inzwischen sogar gelungen, die Energie der menschlichen Stimme in motorische Kraft umzusetzen. Bei seinem »Phono-Motor« bringen die Schallwellen eine Membrane zum Vibrieren, und diese Vibrationen werden über eine Stahlfeder auf ein Schwungrad übertragen, das sich je nach Lautstärke langsam oder schneller dreht.

Trichter in allen Größen für Aufnahme und Wiedergabe

Wer hätte gedacht, daß der gute alte Trichter, der gemeinhin nur als Abfüllgerät in Küche und Keller bekannt war, eines Tages eine bedeutende Rolle im Musikleben spielen würde? Bei den Aufnahmen musikalischer Meisterwerke nach dem Edison-Verfahren hat er die Aufgabe, die vom Solisten erzeugten Schallwellen zu bündeln und dann konzentriert zur Membrane am dünnen Trichterende zu leiten, wo die Schwingungen von einer federnden Nadel in die Walze eingeritzt werden. Von dieser Walze wird ein Abguß gefertigt, der als Matritze für die Massenherstellung von Musikwalzen dient. Dem Musikgenuß im eigenen Heim sind kaum noch Grenzen gesetzt, wenn auch die Klangqualitäten gegenüber dem Konzertsaal noch zu wünschen übrig läßt.

Aufnahme eines Trompeten-Solos durch den Phonographen

Aufnahme eines Klavierkonzertes

Die sensationelle europäische Premiere des Edisonschen Phonographen am 11. März 1887 im Pariser »Trocadero«

Ein französischer Phonograph von 1897

Phonographen-Nadel und Walze im Detail

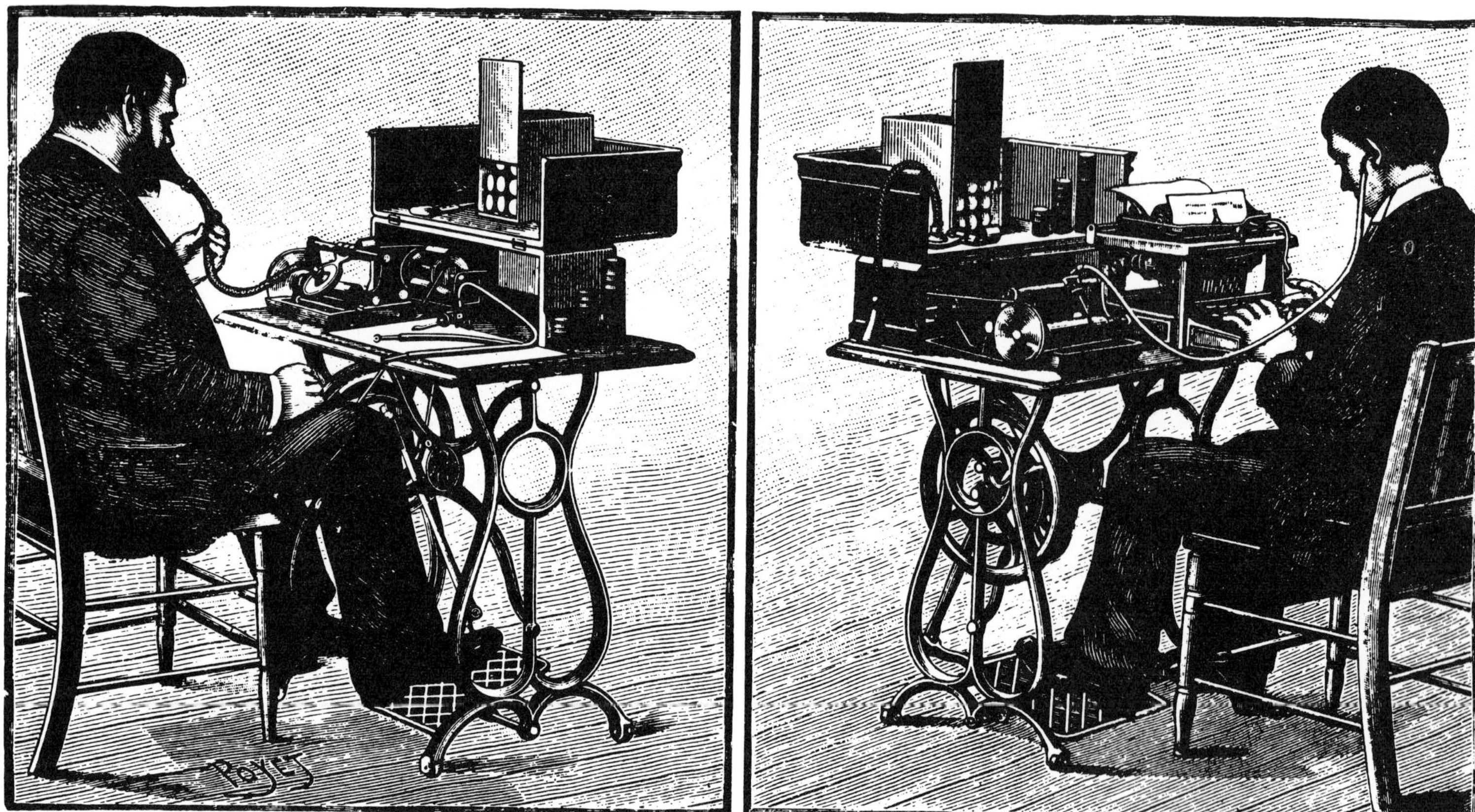

Das Graphophon-Diktiergerät bei der Aufnahme (links) und der Wiedergabe (rechts)

Versuchsanordnung des Herrn Rousselot für verbesserte Sprachaufnahmen

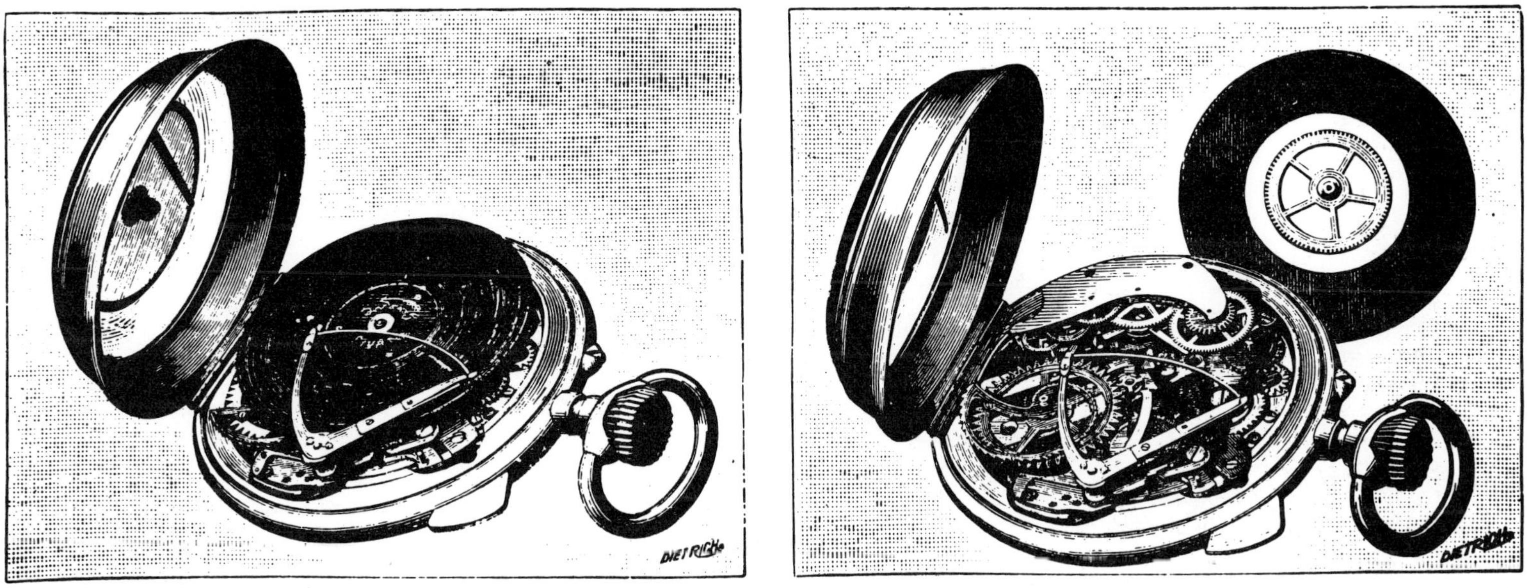

Silvans sprechende Uhr, rechts die herausgenommene Sprechplatte

Sprechende Uhren und Puppen

Dem Genfer Uhrmacher M. Sivan scheint es gelungen zu sein, eine Uhr zum Sprechen zu bringen. Seine Taschenuhr birgt eine kleine phonographische Platte, auf deren 24 Rillen Viertel-, halbe und volle Stunden angesagt werden. Wenn man den entsprechenden Knopf am Uhrenrand drückt, setzt sich die Platte in Bewegung und sagt über eine Membrane die Zeit an: »Zwölf Uhr«, »Viertel nach zwölf«, »Halb eins« usw. Herr Sivan stellt angeblich auch Wecker her, die deutlich rufen »Aufstehen!«

Sivans sprechende Uhr ist eine Weiterentwicklung des Miniatur-Phonographen, den Thomas Alva Edison zur Freude der Kleinen in Puppen einbaute. Daraus hat sich eine regelrechte Industrie entwickelt, die tausende von sprechenden Puppen herstellt. Alle Einzelteile sind genormt, sie werden am Fließband zusammengesetzt. Die Sprache befindet sich auf einer Walze, die mit einer kleinen, in den Rücken der Puppe zu steckenden Kurbel

Edisons sprechende Puppe, rechts der eingebaute Phonograph, unten links die Herstellung des Mechanismus

aufgezogen wird. Eine Nadel tastet die Rillen ab und überträgt die Tonschwingungen auf die Membrane eines Schalltrichters, der sich im Hals der Puppe befindet. Die Walzen werden besprochen von jungen Mädchen, die eine klare und kindliche Stimme haben. Sie sagen zum Beispiel: »Ich bin sehr zufrieden, meine Mammi hat mir versprochen, mit mir ins Theater zu gehen, dort werde ich schöne Lieder hören – tralala – tralala!« Und dazu ein kleines Lied. Die Walzen können ausgewechselt werden, damit das Kind oft etwas Neues hört. Leider öffnen die Kinder sehr häufig den Rücken der Puppe, um herauszubekommen, wie sie funktioniert. Dann muß meistens eine neue Puppe gekauft werden.

Der butternde Schaukelstuhl

Der Erfinder dieser Kombination aus Schaukelstuhl, Kinderwiege und Butterfaß verwendet die beim Schaukeln in einem Stuhl erzeugte Bewegungsenergie zum gleichzeitigen Betätigen des Stempels eines Butterfasses und zum Schaukeln einer Wiege. Die Hände bleiben frei zum Strümpfestopfen oder Nähen. So bringt die bisher weitgehend ungenutzte weibliche Körperkraft dreifachen Nutzen. Nach dem gleichen Prinzip könnten auch andere Haushaltsmaschinen wie Wäschemangeln usw. schaukelnd betrieben werden. Dadurch würde außerdem verhütet, daß die Damen sich galanten Romanen oder gar Liebhabern zuwenden. Technische Erläuterung: An einem fest an der Zimmerdecke verankerten Ring hängt eine Art Waagebalken, an dessen Enden verschiebbare Gewichte befestigt sind. Die äußeren Enden sind mit dem Stempel des Butterfasses und der Wiege verbunden, zwei Zugseile laufen über am Boden verschraubte Rollen zum Vorder- bzw. Hinterteil des Schaukelstuhles.

Schnarchverhüter und Bartschützer

Das hier gezeigte, leicht anzulegende und bequem zu tragende Scharchverhütungs-Gerät ist eine Wohltat für geräuschempfindliche Mitschläfer oder andere Nachbarn.

Mindestens ebenso praktisch ist der von J. F. Randolph erfundene Bartschützer, der die Einnahme von Getränken und flüssigen Speisen ohne Beschmutzung oder Befeuchtung der Manneszierde erlaubt. Es handelt sich dabei um eine gebogene, der Oberlippenform angepaßte kleine Kautschukplatte, die mittels zweier federnder Bügel gehalten wird, die in die Nasenlöcher eingeführt werden. An den zunächst ungewohnten Druck der Federn im Naseninnern wird man sich ebenso leicht gewöhnen wie an den schon längst nicht mehr spürbaren Druck des Kneifers auf dem Nasenrücken.

Dampfmaschine im Hausgebrauch

Ein französischer Ingenieur namens Daussin hat eine neue Variante der Dampfmaschine konstruiert: Sie kann auf jeden gewöhnlichen Herd aufgesetzt werden, der nun gleichzeitig die Küche heizt, das Essen kocht und über ein Schwungrad Geräte wie Nähmaschinen usw. antreibt. Das Wasser eines Reservoirs wird durch ein Ventilsystem mit Überdruck in den Dampfkessel geleitet. Der Kessel hat innerhalb weniger Minuten den nötigen Dampfdruck. Die Hausfrau kann die Geschwindigkeit, mit der ihre Nähmaschine angetrieben wird, über ein Pedal und eine mit Gegengewicht versehene Bremsscheibe regulieren.

Eine Maschine, die Teller wäscht

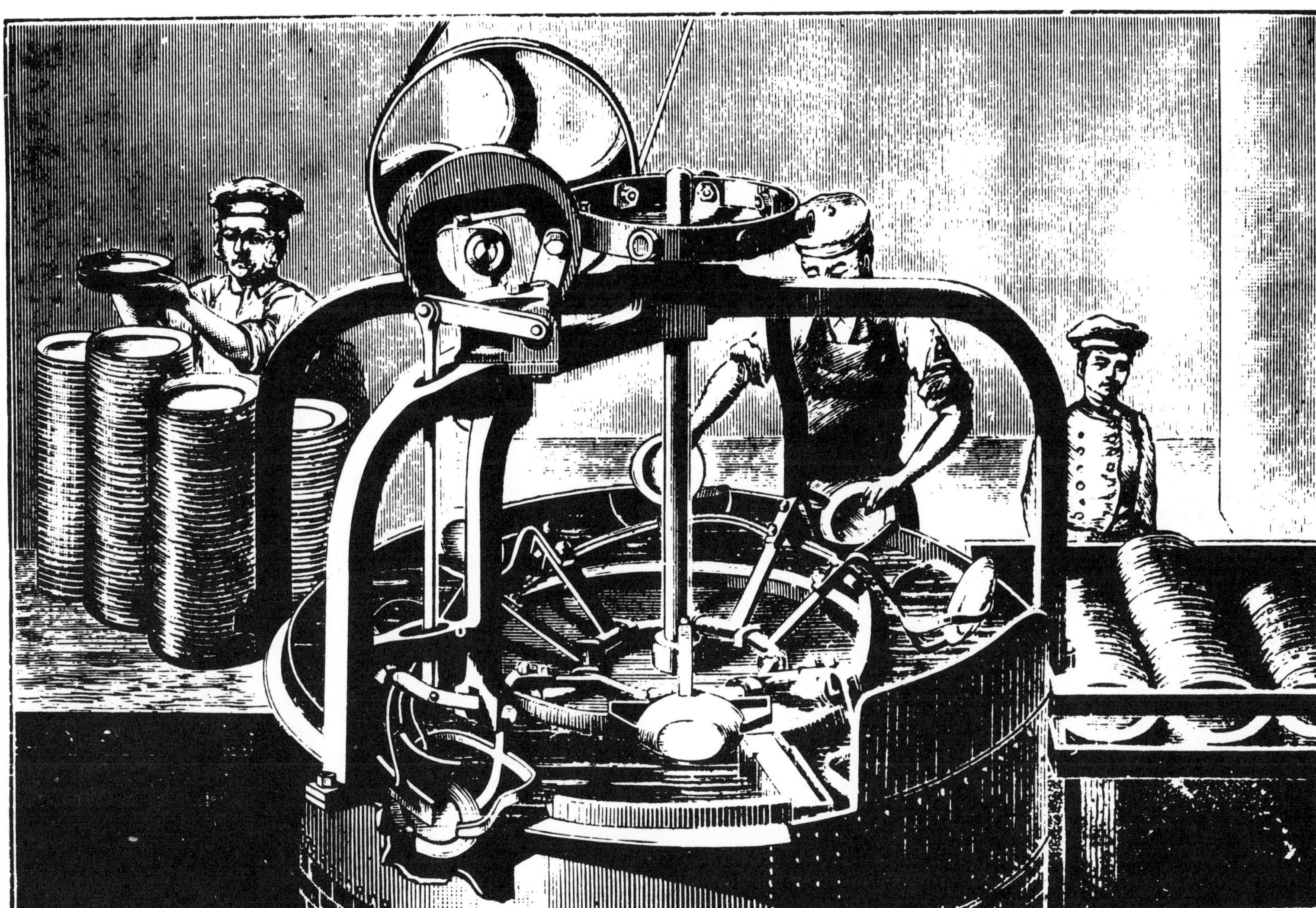

Eines der größten Pariser Restaurants hat die hier gezeigte Tellerwaschmaschine des Herrn Eugène Daguin in Betrieb genommen. Nachdem die Teller ein Warmwasserbad passiert haben, werden sie von zwei rotierenden Bürsten gescheuert, in einem kalten Bad nachgespült und dann mit Warmluft getrocknet. Für Personal und Geschirr ist die Maschine völlig gefahrlos. Eine Einführung dieser Maschine in Amerika könnte den dortigen Aufstiegsmöglichkeiten schweren Schaden zufügen, denn bekanntlich haben alle amerikanischen Millionäre als Tellerwäscher angefangen.

Praktische Ausnutzung der Pferdekraft

Unsere Illustration zeigt einen Mechanismus, der es dem Pferd ermöglicht, selber seinen Stall zu reinigen und gleichzeitig über einen Treibriemen eine Mühle, eine Häckselmaschine, einen Blasebalg oder eine Wasserpumpe in Betrieb zu halten. Der Mechanismus ist jederzeit funktionsbereit, man braucht nur den Boden unter dem Pferd mittels eines Kurbelrades in Schräglage bringen. Der Treibriemen, der dem »rollenden Trottoir« von Seite 29 ähnelt, kann auch von einer Kuh oder einem Stier in Bewegung gesetzt werden. Er gibt zusätzlich dem Pferd Gelegenheit, stundenlang zu traben, ohne den Stall zu verlassen. Dadurch wird es in guter Form gehalten.

Man könnte diese Pferdekraft auch für andere Zwecke benutzen, zum Beispiel zur Erzeugung von Elektrizität für Stall- und Hausbeleuchtung.

Technische Erläuterung der obigen Illustration: A ist das »rollende Trottoir«, B und C sind die Achsen, deren Drehung auf die Mittelachse übertragen wird, von der wiederum ein Treibriemen zu irgendeiner der obengenannten Maschinen führt. Das Gegengewicht E drückt eine Bürste gegen die Lauffläche, die dadurch saubergehalten wird.

Die Riesen-Seeschlange für jedermann

Im Pariser Zoo hat man eine elektrische Eisenbahn als Riesenseeschlange mit furchterregendem Kopf verkleidet. In diesem Kopf befindet sich der antreibende Elektromotor, dahinter die stromliefernden Batterien. Trotz des abschreckenden Aussehens dieses Monstrums können nur wenige Zoo-Besucher der Versuchung widerstehen, eine Rundfahrt auf dem mit bequemen Bänken ausgestatteten Rücken der Seeschlange zu machen. Diese Seeschlangen-Bahn ist ein Beispiel dafür, daß der technische Fortschritt unseres Jahrhunderts auch sehr wohl dem Vergnügen dienen kann. Ein weiteres Beispiel findet sich auf der nächsten Seite.

Ein Miniatur-Panzerkreuzer für stille Gewässer

Das helle Entzücken der Besucher des Vergnügungsparkes im Pariser Zoo bildet dieser elektrisch angetriebene Miniatur-Panzerkreuzer, eine bis ins kleinste Detail naturgetreue Nachbildung eines französischen Schlachtschiffes. Seine Mannschaft vom Matrosen bis hinauf zum Admiral besteht aus einem einzigen Mann, der das Schiff lenkt und gleichzeitig die Kanonen bedient. Der Kleinstkreuzer durchfurcht den idyllischen See, an dessen Ufer die Schaulustigen in großer Zahl versammelt sind und gespannt darauf warten, daß der Kreuzer sie unter Feuer nimmt. In regelmäßigen Abständen richtet nämlich das Kriegsschiff seine Kanonen auf das Publikum und feuert lautdonnernd und mit starker Rauchentwicklung eine natürlich völlig harmlose Breitseite ab. So haben die Zuschauer den prickelnden Eindruck, als Küstenbewohner dem Angriff einer feindlichen Flotte beizuwohnen und unter Beschuß zu stehen.

Unser Bild zeigt den Rumpf des Riesenspielzeugs mit seinen Batterien und dem Elektromotor im Querschnitt. Der vordere Geschützturm wurde abgehoben, um den darinsitzenden Lenker zu zeigen.

Ein Navigationsgerät zur Kollisionsverhütung bei starkem Nebel

Der durch dichten Nebel verursachte Zusammenstoß der Dampfer »Narragan« und »Stonington« machte wieder einmal das schreckliche Risiko deutlich, das eine Schiffsreise im Nebel mit sich bringt. Das Nebelhorn ist bis jetzt das einzige Hilfsmittel, um die drohende Gefahr anzukündigen. Aber es ist außerordentlich schwierig, die genaue Richtung festzustellen, aus der der Sirenenton kommt und das Nahen eines anderen Schiffes meldet. Der Professor A. M. Mayer hat nun ein Gerät erfunden, das den Abstand zwischen den menschlichen Ohren künstlich vergrößert. Wenn der Sirenenton über beide Schalltrichter gleich laut in den Ohren ankommt, hat man die genaue Richtung des herannahenden Schiffes.

Überraschende Bühneneffekte und ihre Erklärung

Die Illusionen, die auf der Bühne mittels Projektion erzeugt werden können, finden immer wieder großen Anklang beim verwöhnten Publikum. Wir zeigen auf diesen Seiten zwei besonders erfolgreiche Illusionen mitsamt ihrer technischen Erklärung und hoffen, daß der geneigte Leser deshalb nicht weniger Freude an den Theateraufführungen hat. Auf den oberen Bildern dieser zwei Seiten sieht man das Bühnengeschehen so, wie es sich dem Zuschauer darbietet. Darunter dic Bühnen im Querschnitt mit den Geräten und Bauten, die teils durch Projektion und teils durch Spiegelung diese publikumswirksamen Effekte erzeugen.

Aus einer Aufführung der »Walküre« in der Pariser Oper

Querschnitt der Bühnen-Installation »Reiter in den Wolken«

Das sieht der Zuschauer im Parkett auf der Bühne…

…und so wird der Effekt durch Projektion erreicht

Die wirklich lebendige »Dame ohne Unterleib«

Das Geheimnis der Damen ohne Unterleib

Die Erklärung des viel bestaunten Phänomens

Jeder naturwissenschaftlich gebildete Mensch weiß, daß die auf vielen Jahrmärkten gezeigte »Dame ohne Unterleib« ein liebenswürdiger Schwindel sein muß. Schlichtere Gemüter nehmen diese Schaustellung häufig als bare Münze und machen sich Gedanken über die vielerlei Konsequenzen eines solchen Mangels. Wir können den Lesern verraten: Die Dame ist mit allem bestens versehen. Sie hält es nur geschickt verborgen. Wir bitten unsere geneigten Leser, sich beim nächsten Besuch eines Vergnügungsparkes nicht anmerken zu lassen, daß sie durch unsere nebenstehende Zeichnung bereits aufgeklärt wurden. Gönnen wir den Unwissenden das harmlose Vergnügen und der »Dame ohne Unterleib« ihre bescheidenen Einnahmen aus unbequem liegender Beschäftigung. Diese Artistinnen sind nachgewiesenermaßen vorbildliche Mütter und treusorgende Ehefrauen.

Ein Mädchen läuft an der Decke

Eine beachtliche artistische Nummer wurde in New York gezeigt: Ein Mädchen schwingt sich an einem Trapez hoch, bis seine Füße eine dort aufgehängte Planke erreichen, und geht dann, wie unser Bild zeigt, mit dem Kopf nach unten diese Planke entlang. Die Erklärung für diesen allen Naturgesetzen widersprechenden Gang: An den Stiefeln des Mädchens befinden sich zwei Kautschuk-Saugnäpfe von 11 cm Durchmesser. Beim senkrechten Aufdrücken auf die Planke saugen sie sich durch Herauspressen der Luft fest. Ein ausgeklügelter Mechanismus läßt beim Anheben des Hackens die Luft wieder einfließen, während sich nunmehr der andere Fuß festsaugt. Jeder Schritt ist nur zwanzig Zentimeter lang, aber das Mädchen legt in jeder Vorstellung etwa zehn Meter zurück und nennt sich mit vollem Recht »Aymée, die menschliche Fliege«. Denn nach demselben Prinzip halten sich die Fliegen fest, wenn sie unter unseren Zimmerdecken entlanglaufen. Im Kreis links oben: Detailzeichnung des Saug-Schuhes.

Eine total verrückte Schaukel

In Marseille wurde kürzlich eine ganz spezielle Schaukel in Betrieb genommen. Sie ist in einem großen Zimmer an einer von Wand zu Wand gehenden Achse aufgehängt und wird in leichte Schwingungen versetzt. Aber dann wird das ganze Zimmer um die Achse gedreht. Die in der Schaukel sitzenden Personen sind nun der festen Überzeugung, daß es die Schaukel ist, die eine volle Drehung um die Achse macht. Die optische Täuschung ist so echt, daß bei manchen Fahrgästen Übelkeit auftritt.

Die Tisch-Eisenbahn

Herr Gaston Meniers empfand es stets als störend, wenn servierendes Personal unliebsame Unterbrechungen in die Tischgespräche brachte. Er ließ deshalb eine kleine elektrische Eisenbahn von der Küche zum Eßzimmer installieren, auf der die Platten mit den Speisen heranrollen. Auch der Rücktransport der abgegessenen Teller und Schüsseln ist so ohne störende Eingriffe des Personals gewährleistet.

INHALTS- UND QUELLENVERZEICHNIS

Die Abkürzungen beziehen sich auf folgende Zeitschriften:
DN – De Natuur, LN – La Nature, ScA – Scientific American